科學少年學習誌 　編／科學少年編輯部

科學閱讀素養
地科篇 1

遠流

科學閱讀素養 地科篇 1　目錄

課程連結表

文章主題	文章特色	搭配108課綱（第四學習階段 — 國中）	
		學習主題	**學習內容**
你問我海底有多深？	對海底深度的探測方式，以及海底的構造及成因，有深入淺出的說明，可以做為科學導讀的教材。	地球環境（F）：組成地球的物質（Fa）	Fa-IV-1地球具有大氣圈、水圈和岩石圈。
		變動的地球（I）：地表與地殼的變動（Ia）**	EIa-Va-7各種不同工具可幫助了解海底地形與陸地地形在形態及規模的不同。
斗轉星移	文章中提到：北極星、北斗七星、周日運動、地球自轉、天球、緯度、地球自轉軸、織女星、視星等、北回歸線等內容。	變動的地球（I）：晝夜與季節（Id）	Id-IV-1夏季白天較長，冬季黑夜較長。
		地球環境（F）：地球與太空（Fb）**	EFb-Vc-1由地球觀察恆星的視運動可以分成周日運動與周年運動。
臺灣島的前世今生	本篇文章提到了板塊運動與地球歷史、地球的構造與變動等內容，可做為課程延伸參考內容。	變動的地球（I）：地表與地殼的變動（Ia）	Ia-IV-3板塊之間會相互分離或聚合，產生地震、火山和造山運動。
氣象觀測法寶大公開	文章中提到：衛星雲圖、颱風、溫度、濕度、雷達、回波圖、觀測坪、百葉箱、氣壓計、南北回歸線、雨量計、蒸發皿、風速風向計、探空氣球等內容。	變動的地球（I）：天氣與氣候變化（Ib）	Ib-IV-5臺灣的災變天氣包括颱風、梅雨、寒潮、乾旱等現象。
		變動的地球（I）：天氣與氣候變化（Ib）**	EIb-Va-6透過地面觀測與高空觀測、衛星及雷達遙測可以獲得氣象資料。
四季圓舞曲	本篇文章中提到了地球四季的變化與成因、地球自轉與公轉、陽光照射角度改變會影響地表吸收能量的不同等內容。	變動的地球（I）：晝夜與季節（Id）	Id-IV-2陽光照射角度之變化，會造成地表單位面積土地吸收太陽能量的不同。
			Id-IV-3地球的四季主要是因為地球自轉軸傾斜於地球公轉軌道面而造成。
寒武紀大爆發的見證：澄江生物群	針對澄江生物群的歷史做了深入淺出的說明。說明寒武紀大爆發的年代，介紹加拿大伯吉斯生物群和澄江生物群中較具代表性的物種。	演化與延續（G）：演化（Gb）	Gb-IV-1從地層中發現的化石，可以知道地球上曾經存在許多的生物，但有些生物已經消失了，例如：三葉蟲、恐龍等。
		地球的歷史（H）：地層與化石（Hb）	Hb-IV-1研究岩層岩性與化石可幫助了解地球的歷史。
木星瞪著暴風眼	文章中提到：氣旋、反氣旋、木星、天文望遠鏡、颱風、龍捲風、大氣壓力、高氣壓、低氣壓、冷空氣、暖空氣、颶風、下降氣流、氣壓、毫巴等內容。	地球環境（F）：地球與太空（Fb）	Fb-IV-1太陽系由太陽和行星組成，行星均繞太陽公轉。

**為高中課綱

導讀 科學 × 閱讀 二

閱讀是人類學習的重要途徑,自古至今,人類一直透過閱讀來擴展經驗、解決問題。到了 21 世紀這個知識經濟時代,掌握最新資訊的人就具有競爭的優勢,閱讀更成了獲取資訊最方便而有效的途徑。從報紙、雜誌、各式各樣的書籍,人只要睜開眼,閱讀這件事就充斥在日常生活裡,再加上網路科技的發達便利了資訊的產生與流通,使得閱讀更是隨時隨地都在發生著。我們該如何利用閱讀,來提升學習效率與有效學習,以達成獲取知識的目的呢?如今,增進國民閱讀素養已成為當今各國教育的重要課題,世界各國都把「提升國民閱讀能力」設定為國家發展重大目標。

另一方面,科學教育的目的在培養學生解決問題的能力,並強調探索與合作學習。近年,科學教育更走出學校,普及於一般社會大眾的終身學習標的,期望能提升國民普遍的科學素養。雖然有關科學素養的定義和內容至今仍有些許爭議,尤其是在多元文化的思維興起之後更加明顯,然而,全民科學素養的培育從 80 年代以來,已成為我國科學教育改革的主要目標,也是世界各國科學教育的發展趨勢。閱讀本身就是科學學習的夥伴,透過「科學閱讀」培養科學素養與閱讀素養,儼然已是科學教育的王道。

對自然科老師與學生而言,「科學閱讀」的最佳實踐無非選擇有趣的課外科學書籍,或是選擇有助於目前學習階段的學習文本,結合現階段的學習內容,在教師的輔導下以科學思維進行閱讀,可以讓學習科學變得有趣又不費力。

素養＋樂趣！

撰文／陳宗慶

　　我閱讀了《科學少年》後，發現它是一本相當吸引人的科普雜誌，更是一本很適合培養科學素養的閱讀素材，每一期的內容都包括了許多生活化的議題，涵蓋了物理、化學、天文、地質、醫學常識、海洋、生物……等各領域有趣的內容，不但圖文並茂，更常以漫畫方式呈現科學議題或科學史，讓讀者發覺科學其實沒有想像中的難，加上內文長短非常適合閱讀，每一篇的內容都能帶著讀者探究科學問題。如今又見《科學少年》精選篇章集結成有趣的《科學閱讀素養》，其內容的選編與呈現方式，頗適合做為教師在推動科學閱讀時的素材，學生也可以自行選閱喜歡的篇章，後面附上的學習單，除了可以檢視閱讀成果外，也把內文與現行國中教材做了連結，除了與現階段的學習內容輕鬆的結合外，也提供了延伸思考的腦力激盪問題，更有助於科學素養及閱讀素養的提升。

　　老師更可以利用這本書，透過課堂引導，以循序漸進的方式帶領學生進入知識殿堂，讓學生了解生活中處處是科學，科學也並非想像中的深不可測，更領略閱讀中的樂趣，進而終身樂於閱讀，這才是閱讀與教育的真諦。　科

陳宗慶　國立高雄師範大學物理博士，高雄市五福國中校長，教育部中央輔導團自然與生活科技領域常務委員，高雄市國教輔導團自然與生活科技領域召集人。專長理化、地球科學教學及獨立研究、科學展覽指導，熱衷於科學教育的推廣。

你問我海底有多深？

在那閃耀著湛藍色光芒的海面底下，有一個不爲人知的神祕世界，那裡橫亙著綿延不絕的山脈，以及無比深邃的幽谷。而地球偵探的冒險之旅，也在數千年前就已展開……

撰文／周漢強

繪圖：張國瑞

1990 年 2 月 14 日，航海家一號太空船在太陽系上方，距離地球 60 億公里遠的位置，為地球拍下了一張照片。在這張照片裡面，看不到紐約雙子星大樓，沒有萬里長城，甚至連歐亞大陸也看不到。在這張照片裡面，地球只是一個淡藍色的小點，那一抹淡淡的藍色，就是地球上的海洋。

地球表面所覆蓋的海洋，是由富含鹽類的海水所組成。我們根據陸地與這些海水的分布位置來做區分，定義出世界上的五大洋，包括太平洋、大西洋、印度洋、北冰洋與南大洋。在大洋周圍和陸地交接的區域，另外劃分出許多不同的海，像是太平洋西側與亞洲大陸相接的邊緣，就有東海、黃海、菲律賓海等區域。這些海洋占了整個地球超過 70% 的面積，遠超過我們人類目前所生活的陸地範圍。

所以自古以來，人類嘗試過各種方法，想要去海洋冒險，因為海洋對我們來說，實在是太寬廣、太神祕。我們始終好奇，海洋的對面是什麼？海面下又是什麼樣子？即使在科技發達的今天，絕大部分的海洋深處，都還是人類不曾到達過的地方。這一次，我們來看看地球偵探是如何一步一步揭開海底下不為人知的奧祕。

水手的左右手交互拉繩一次的長度，就是一噚，大約是 1.8 公尺。下方照片為拋入海底的重錘。

大海到底有多深？

其實早在 2600 多年前，維京人水手們就曾經扮演史前地球偵探，用一顆大約五公斤重的空心鉛錘，綁上繩索之後拋進海裡，等鉛錘「著陸」到達海底之後，再把繩索往上拉。拉上來的繩索長度不僅僅可以計算海底的深度，鉛錘中心還會塞滿海床上的沉積物，一併被拉到船上來，研究海床上究竟有哪些未知生物。

想像一下，當你把一根繩索從水裡往上拉時，你會先用右手把繩子從水底下往上拉到最高點，再把左手往水面的方向伸長過去抓住繩索，換成左手拉到最高點，再用右手往水面的方向伸長過去抓住繩索，然後不斷重複這樣的動作，直到把繩子完全拉到船上為止。當時的水手以左右手交換一次當做海水深度的單位，這就是「噚」（fathom）這個特殊的水深單位由來。一噚的長度大約是 1.8 公尺，也就是一個成年人兩手臂張開時的寬度。

沒想到這個看似簡單的測量方法，居然持續被使用了超過 2000 年。16 世紀時，第一位航行地球一周的偉大船長麥哲倫，就曾經用這個方法測量太平洋的深度，結果用了整整 600 噚（超過 1000 公尺）的繩子，還是沒有辦法碰觸到太平洋的海底。沒錯，這個方法只能夠測量到陸地邊緣很淺的海底水深，至於大洋中央的海底究竟有多深，對當時的地球偵探來說是個大難題。想想看，整整 1000 公尺的繩子已經有多大綑，居然還碰不到海底，真不知道到底要多長的繩子才夠用。

在 18 世紀的時候，歐洲曾經出現一位非常厲害的地球偵探——拉普拉斯，他利用物理和數學的計算，解決了很多天文學上面的難題。同時，他還利用南大西洋兩岸巴西跟非洲的潮汐運動資料，推算出整個南大西洋的平均深度應該是驚人的 3926 公尺深！雖然這是個劃時代的計算結果，可是因為沒辦

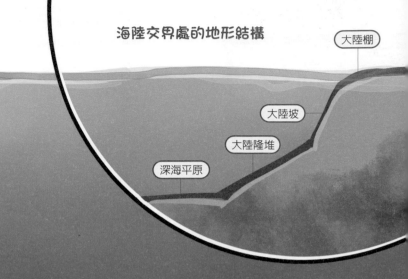

海陸交界處的地形結構

大陸棚

大陸坡

大陸隆堆

深海平原

法實地檢驗，所以大家也不敢確定海水是不是真的這麼深。不過至少他給了大家一個可以參考的數字，那就是至少要先準備一綑 4000 公尺左右的繩子才夠用。

直到 19 世紀中期，終於由另一位地球偵探——羅斯船長在前往南極大陸的航程中，第一次成功測得大西洋中央的深度是 2425 噚（大約 4400 公尺）深，幾乎和歐洲最高的山峰：4800 公尺高的白朗峰差不多。這個數字雖然比拉普拉斯計算的結果大一點，但是根據後來更精密的觀測發現，其實拉普拉斯的推算結果才是比較準確的數字。不論如何，大洋深度的謎題，到此終於第一次被地球偵探找到答案了。

海面下也有高低起伏的地形嗎？

不過，一個答案並不能滿足那些個個都像好奇寶寶一樣的地球偵探們。就在大洋深度被測得的同一時間，大家立刻就繼續追問，那大洋底下是一片平坦的嗎？還是說，大洋底下也會有高低起伏呢？既然大洋的深度可以被成功的測量一次，那繼續測量第二次、第三次，應該也不困難才對。只不過海洋非

常的廣闊，要用鉛錘在每個地方測量，把海底下的高低起伏給測量出來，工程還是非常浩大啊！

於是，海底地形測量的工作就這樣緩慢的開始進行了。船隻每航行一小段距離，就要停下來把鉛錘放進水中，觀測海底的深度。辛苦的地球偵探們首先發現，在海岸附近的海底地形相當平坦，但是在水深超過 100 噚（大約 200 公尺）之後，海底地形的深度會突然增加，形成一個陡坡。這個海岸邊緣的平坦地區，我們就稱為大陸棚，大陸棚邊緣的陡坡就稱為大陸坡。另外，在大陸坡的底部坡度會稍微變緩，這個地區被稱為大陸隆堆。海底的深度也會在大陸隆堆的邊緣達到超過 2000 噚（將近 4000 公尺），然後進入另外一片平坦的海底地形——深海平原（如上圖）。

在海洋與陸地的交界，這個深度不到 200 公尺的大陸棚，很像是陸地向海洋延伸出來

繪圖：張國瑞

測量水中聲速
左方的人敲響水面下的鐘發出鐘聲,並同時向天空開槍。右方的人會先看到火光,再聽到水面下傳來的鐘聲,利用二者時間差計算出水裡的聲速。

的地形。當全球海平面變低的時候,大陸棚就有可能露出海面變成陸地;當海水面上升的時候,原本屬於陸地的海岸就可能被海水淹沒,變成大陸棚。其實大陸棚和陸地同樣都是大陸地殼的一部分,大陸坡和大陸隆堆則是大陸地殼的最邊緣,與海洋地殼所構成的深海平原互相接壤。因為大陸地殼比較厚,所以地形比較高;海洋地殼比較薄,所

以地形比較低,並且在上面覆蓋了海水,才形成海洋。

雖然測水深的「科技」——鉛錘和繩子發展到 19 世紀,已經可以成功測量海底的深度,甚至是海底的高低起伏,但其實受到巨大洋流的影響,鉛錘常常會被水流拖著跑,造成測量工作上的誤差。再加上海洋真的太大了,要一點一點的測量,需要大量的資本和人力,真的很不容易。

全世界第一張「相對完整」的大西洋海底地形圖,在 1891 年被發表出來。這個成果特別要感謝當時地球偵探大本營——英國所支持的挑戰者號艦隊,他們在 1872~1876 年之間聞名世界的科學探測航行中,收集了相當豐富的大西洋水深資料,才得以把大西洋完整的海底地形圖繪製出來。雖然這張海底地形圖仍然非常粗略,但是我們已經可以看到在大西洋兩側存在一些比較深的海盆,而大西洋中間,則似乎存在著一道深度比較淺的,或是說突出海床的構造。

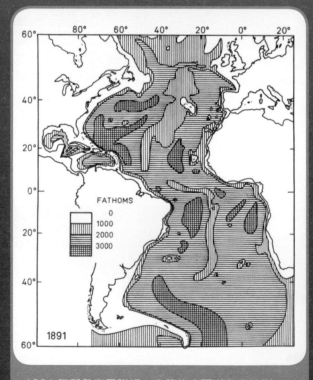

1891 年所發表最詳細、完整的大西洋海底地形。

圖片來源：Kenneth O. Emery、Elazar Uchupi

聲納探海深
研究船向海底發出聲波，並以水聽器放大接收反彈的「回音」，利用來回時間差與水中聲速，可算出海底深度。

難道大洋底下的海床不是一片平坦嗎？如果不是，那大洋底下究竟有什麼地形呢？有巨大的山脈嗎？還是有深邃的幽谷？當時的地球偵探們沒辦法親自潛到深海底下去觀察，也沒有一個比「綁著重錘的繩子」更精準的測量方式，所以大洋底下的觀測工作一直沒有突破。

聽聽來自海底的回音

測量方法的突破來自一個有趣的實驗。在1826 年的瑞士，有二位地球偵探在日內瓦湖上，聯手測量出聲音在水中的速度。他們其中一個人在敲響水面下鐘聲的同時，向天空開槍。另一個人就根據看到槍口火光的時間和聽到水面下鐘聲的時間差，計算出水裡的聲速（如左頁圖）。

聽到這個消息的地球偵探們，立刻跑到海上嘗試發出聲音，想聽看看海底的回音多久後可以回到船上，希望能藉此計算海底的深度。可是，不論他們發出多大的聲響，都沒有人可以聽見來自海底的回音。地球偵探們眼看著有個突破瓶頸的好方法，卻不知道是哪裡出了錯。

原來問題的關鍵在於，深海底下的海床上堆積著很厚的鬆軟沉積物。向海底前進的聲音在遇到鬆軟的深海沉積物時，損失了大部分的能量，反射回海洋表面的聲波能量非常微弱，讓地球偵探們無法聽到回音。所以，地球偵探們必須發明新工具，把海底反彈回來的微弱聲波給放大才行。

1925 年，德國的流星號研究船搭載著當時地球偵探最新發明的「水中麥克風」——水聽器，把微弱聲波造成的水壓變化放大，終於成功接收到海底反彈回來的聲音訊號。這個利用「回音」來測量水深的想法，居然經過了將近 100 年才終於成功。而這個方法，至今都還是探索海底地形的最重要工具，我們稱為「聲納」。於是一張又一張精密的海底地形圖開始揭露在大家的面前，海底下奇特的地形不僅滿足了大家的好奇心，更多相關的地球科學理論也一一被提出來，其中最著名的就是「板塊構造學說」。

繪圖：張國瑞

發現海底下巨大的地形起伏！

地球偵探薩普以及海森從 1959 年完成北大西洋海底地形圖開始，1961 年完成南大西洋海底地形圖，1964 年完成印度洋海底地形圖，到最後 1977 年補齊了太平洋的資料，第一張完整的世界海底地形圖終於正式出版（見右圖）。

這些高解析度的新海底地形圖一發表，大家第一眼就發現大西洋中間綿亙著的巨大山脈，後來被取名為中洋脊。這座山脈大約有 1000 公尺高，從大西洋最北邊一路延伸到最南邊。因為它正好位在大西洋正中央，加上山脈兩側的地形幾乎完全對稱，引發了許多地球偵探的想像，認為寬廣的大西洋就是從這座山脈的中央開始形成，慢慢往兩側擴張而成今天的模樣。這就是著名的洋底擴張學說，也是板塊構造學說的前身。這樣的山脈也出現在太平洋東側及印度洋，全世界加起來有四萬公里長，同一時間會有 20 個以上的位置發生岩漿湧出的現象，產生新的海洋地殼。

除了這座巨大的海底山脈之外，世界海底

第一張完整的世界海底地形圖於 1977 年完成。

地形圖還描繪出另一個驚人的海底地形，那就是深海底下的縱谷——海溝。相較於深海平原的平均深度大約 4000 公尺，海溝可深達 7000 公尺左右，最深的馬里亞納海溝甚至深達約 1 萬 1000 公尺，比世界最高 8848 公尺的聖母峰還多了 2000 多公尺。

海溝大多分布在太平洋的邊緣，屬於海洋岩石圈要隱沒到大陸岩石圈之下的邊界。因為隱沒作用的關係，形成了深邃的海溝地形。其中馬里亞納海溝不只深度最深，位置也最特別。它並不在大陸與海洋的交界處，而是在菲律賓海的最東邊，菲律賓海板塊和太平洋板塊的交界處。

除了中洋脊和海溝之外，深海底下的地形也不是一片平坦。像是海溝附近會出現一連

熱點火山

中洋脊

熱點火山與島弧火山都可能
露出海面，形成火山島嶼。

串隆起的火山島嶼，分布的形狀，就和當地海溝的弧度一致，所以稱為火山島弧，其中有些火山會突出水面，有些則是在海平面之下。例如太平洋的最北邊、阿拉斯加外海的伊留申群島就是火山島弧。

另外還有一些火山會成群結隊的排列在深海平原上，它們就是熱點火山。由於熱點火山噴出岩漿的位置固定，但熱點上頭的板塊卻會隨著時間移動，所以形成的火山就會因為漸漸離開熱點的位置，最後新舊火山排成一列。從世界海底地形圖上，我們可以找到好幾個這樣的海底火山列。

永不停止的探索

乍看之下，我們似乎已經得到非常清楚的海底地形圖。但是就像當年我們用繩子綁著重錘入水一樣，用聲納探索海洋地形也必須一點一點移動，而海洋卻大得像是永無止盡似的，要繪製更高解析度的海底地形圖也就非常費時費力。最近幾年，地球偵探利用衛星，測量海底下因為地形起伏會造成質量分布不同，而導致的萬有引力些微變化，再搭配海面聲納的觀測結果，得到了更大範圍、更精準的海底地形資料。

可是，地球偵探怎麼會因為這樣間接的觀測就滿足呢？只要有機會，當然要親自去海底下看看啊！早在 1960 年代，就曾有地球偵探搭乘潛水艇抵達馬里亞納海溝的最深處：1 萬 916 公尺深。最近一次是在 2012 年，由大導演詹姆斯科麥隆客串地球偵探，完成人類史上第四次抵達馬里亞納海溝的最深處。

即使人類已可以抵達世界最深的海溝，就整個地球的海洋來說，仍有超過 80% 的區域沒有被探索過。過去我們稱海洋為內太空，它雖然不如外太空那樣絢爛奪目，但神祕的深海世界一樣讓我們充滿好奇。　科

作 者 簡 介

周漢強　臺中市清水高中地球科學老師，人稱「強哥」，經營部落格「新石頭城」。從高中開始熱愛地球科學，除了地科之外，他也熱愛加菲貓。

島弧火山

海溝

你問我海底有多深？

國中理化教師　李冠潔

關鍵字：1.聲納　2.海底擴張學說　3.板塊構造學說　4.馬里亞納海溝

主題導覽

當我們想要看清楚黑暗洞穴裡的面貌時，只要拿出手電筒照亮洞穴即可，但是在水裡面，光線不易穿透，因此我們就算從海面上往下打燈，也看不清楚海底的情形，但是海洋的面積是那麼廣闊，海裡的生物是那麼多樣，科學家何嘗不想了解海底的世界？既然海底沒有光線，那麼深海裡的生物又是怎麼「看見」彼此的？

神奇的大自然早就預先解決了生物看不見的問題了，人們發現蝙蝠住在黑漆漆的洞裡，卻能精準捕捉獵物，因此科學家就研究並根據蝙蝠探測物體的原理，發明了聲納探測器。聲納探測器顧名思義就是利用聲音的反射現象，來測定兩物體之間的距離，海裡許多生物就是利用聲音來找到彼此的。想要測得海底地形與深度，只要將船隻裝上發射器，並向海底發射超音波，再由其他儀器接收和分析反射回來的訊息，將訊號換成圖，就可以得到整個海床的面貌了。至於為何利用超音波（頻率高於兩萬赫茲的聲波），是因為超音波的頻率高，相對較少出現繞射（聲音轉彎）的現象，所以回聲十分清晰。

但是早在海底地形圖出現之前，德國科學家韋格納在西元 1912 年就已經發現，地圖上，南美洲的東岸與非洲的西岸的海岸線竟然像拼圖一樣可以拼在一塊，因此他提出了大陸漂移說，他認為原本地球上的所有陸地都是連在一塊的，稱為盤古大陸（如下圖），後來因為地球外力如：潮汐和地球自轉的動力，造成此一陸地開始破裂，形成現在的七大洲和五大洋的基本地貌。可惜當時此一假說並未受到重視，而且以目前來看，此假說的內容也並非完全正確。

隨著海洋科學研究的興起，人們發現海底不只有火山還有海溝地形，而且愈靠近火山的地質愈年輕。最初，人們無法解釋這種現象。到了 1960 年，一位名叫海斯的科學家，大膽提出海底運動假說，他認為地球內部的岩漿因對流作用，沿中洋脊裂谷上升到海底，迫使在裂谷兩側的老海洋地殼背向中洋脊，往左右不斷推移擴張，形成新的海洋地殼，迫使海洋地殼不斷運動，就像一塊正在捲動的輸送帶，向其兩側產生對稱漂離，直到遇到陸地地殼，因

圖源：Gunnar Ries

為陸地密度較小，不會潛入地底，所以海洋地殼便往大陸地殼下面隱沒，於是就在大陸地殼邊緣出現了很深的海溝，在強大的擠壓力作用下，海溝向大陸一側發生頂翹，而形成島弧，使島弧和海溝形影相隨，且分布的形狀，就和當地海溝的弧度一致，又稱為火山島弧。海底擴張說的內容，恰好可以解釋一些大陸漂移說無法解釋的問題。於是一度被冷落的「大陸漂移」假說，又重新受到人們的重視。

板塊構造學說

有了大陸漂移和海底擴張學說做基礎，板塊構造學說於是因應而生，此學說最大的突破是有了「板塊」的觀念。我們知道地球可分為地殼、地函、地核三部分，而從地表往下約 100 公里厚的部分稱為岩石圈（包含地殼和部分地函），由許多塊體構成，這些塊體即稱為板塊。主要是由太平洋、歐亞大陸、澳洲、南美洲、北美洲、印度洋及南極大陸等七個大板塊加上其他

小板塊構成（如下圖），中洋脊、海溝、褶皺山脈與斷層等構造即為板塊的邊界。造成這些板塊不斷推移的動力目前仍由地函對流來解釋。板塊學說主張新的海洋地殼不斷從中洋脊的裂谷中產生，將老的岩石圈向兩側推移，海洋板塊中的岩石圈一面不斷生長，一面不斷消失在兩個板塊相撞的地方，當兩板塊相碰撞的時候，其中有一板塊被迫下降進入地球內部，慢慢加熱融化，最後被吸收到地函中，達到週而復始的循環。

目前已知最深的海溝是馬里亞納海溝，位在關島之馬里亞納群島東方，是由太平洋板塊隱沒於菲律賓海板塊的結果。2012 年，著名導演詹姆斯科麥隆獨自一人駕著潛水艇潛入馬里亞納海溝的最深處，他形容海溝底部是一片平坦、荒蕪與寧靜的地形，而且是美國大峽谷的 50 倍大，但是沒有陽光、熱度和溫暖，且此處水壓極高，將他的潛艇高度壓扁了幾吋。

他表示在海底附近看見的唯一生物，是一種像蝦子的極小節肢動物，幾乎沒直接看見其他生命。詹姆斯科麥隆表示，還需要進一步探險，以辨別是否有其他生物可能棲息於此。由此可知人類對廣大海洋的探測還有漫漫長路要走。

挑戰閱讀王

看完〈你問我海底有多深？〉後，請你一起來挑戰下列的幾個問題。

答對就能得到👍，奪得 10 個以上，閱讀王就是你！加油！

( )1.根據本文你認為下列敘述何者正確？（這一題答對可得到 2 個👍哦！）

　　①地球在剛形成時就是現在看到的模樣了

　　②地殼的年齡有新舊之分是因為地殼能不斷生成

　　③兩板塊互相擠壓會導致中洋脊生成

　　④地殼移動的原因是因為地震和海浪的力量推擠

( )2.甲 . 大陸漂移說 乙 . 海底擴張說 丙 . 板塊構造說。以上三者的發表順序為

　　何？（這一題答對可得到 3 個👍哦！）

　　①甲乙丙　②丙乙甲　③乙甲丙　④乙丙甲

( )3.地球有如此多的地形面貌，你認為哪些和地函內岩漿的對流有關係？（這

　　一題答對可得到 3 個👍哦！）

　　①中洋脊形成　②三角洲　③海溝　④火山島弧　⑤自流井

( )4.阿文在山上發現了只會出現在乾淨海域中的珊瑚化石，根據本文你認為下

　　列何者推理正確？（這一題答對可得到 2 個👍哦！）

　　①以前的珊瑚可能長在山上

　　②以前的珊瑚會爬出水面覓食

　　③珊瑚在海裡形成化石後因板塊被推擠而浮出水面

　　④有人類將珊瑚移出海面埋在山上

延伸思考

1.直到目前地函仍持續在進行對流，推動地殼運動著，若中洋脊持續推動海洋地殼，

　未來大陸板塊會是什麼樣的面貌？有沒有哪些國家可能會成為鄰居？

2.在最深的海溝處仍能發現生物，表示海洋生物的多樣性可能遠遠超過陸地生物，

　你認為要克服深海地形的生物，應該具備什麼能力與構造？

斗轉星移

你曾體會過星星在頭頂上隨光陰遞嬗而流轉的經驗嗎？現代人尤其是都市裡的居民，已很少有機會看見星星，更別說是觀察星辰的運動，體驗一整夜的「斗轉星移」。就讓我們由星流跡、北極星及北斗七星談起，來認識星星的周日運動。

撰文／黃相輔

圖片來源：達志影像

「流星！快許願！」別弄錯了，前頁照片裡壯觀的線條並不是什麼流星雨，而是星星運動所造成的「星流跡」。這是利用單眼相機長時間曝光得到的攝影效果，你的眼睛實際上無法看見這副景象。星星跟太陽一樣，每天規律的由東邊升起、西邊落下，星流跡就是星星在天空中運動的軌跡，所以也稱為「星軌」。

我們都知道，星星的東升西落是地球自轉造成的視覺效果，並不是它們真的在天空中長途跋涉。從地面上看來，星星無時無刻不在移動，所以使用天文望遠鏡觀星時，需要搭配赤道儀來追蹤星星，抵消地球的自轉效果。如果沒有使用赤道儀進行追蹤，星星不會「定格」，就能拍攝出它們拖出的星流跡。

天文學上有個專有名詞「周日運動」，就是指地球上的觀測者看到天體每日在天空中的視運動。太陽與恆星的東升西落都是周日運動，拍攝星流跡，就能清楚看到恆星周日運動的路徑。

轉吧！七星北斗陣

地球的自轉軸在北半球天空上的投影即為北天極。在北半球，星星以北天極為軸心進行周日運動。我們所謂的北極星，其實並不是真正的北天極，只是在位置上最接近北天極的一顆恆星。現在的北極星是小熊座最亮的恆星，在西方稱為小熊座 α 星，中文名稱是「勾陳一」。由於北極星太接近北天極了，使它看起來似乎靜止不動，而北半球其他恆星都以它為中心繞著轉。

金庸武俠小說《射鵰英雄傳》裡有一套名叫「天罡北斗陣」的武功，是依照北斗七星方位，由七人排列而成的陣法，能夠達到互

我有問題！

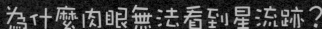

為什麼肉眼無法看到星流跡？

我們的眼睛是很精巧的光學感知系統。光線經過瞳孔，成像於視網膜上，再由視神經傳達訊息到大腦中產生視覺。照相機的基本構造與人眼十分類似：光線經過鏡頭、光圈，投射於底片或電子感光元件上產生影像。眼睛與照相機最大的差異是，視網膜無法累積光線，所有資訊皆由大腦即時處理，而照相機的感光元件卻可以長時間累積光線。

天文攝影常是長時間曝光的結果，才能將微弱的星光累積成照片上燦爛輝煌的模樣。在曝光過程中，若星星移動，就會在影像中留下軌跡。這原理就和拍攝夜間車水馬龍的街道，或揮舞仙女棒來寫字的效果一樣。

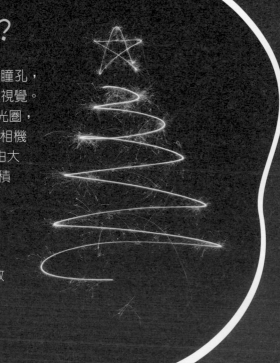

天外有天球

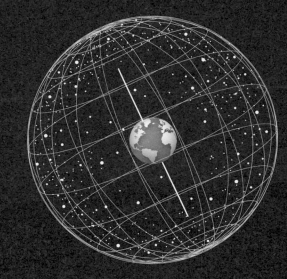

　　想像有個與地球相同圓心的大球包裹著地球，這個大球就稱為天球，而所有星星都能視為在天球上的投影。但是要如何準確表示天球上某處的位置呢？在天文觀測上，常用天球座標來表示天體的位置。這一招跟使用經度及緯度來表示地球上的位置是相同道理，只不過在天球上的「經緯度」分別稱為赤經、赤緯。北天極的赤緯是 +90 度，南天極的赤緯為 -90 度，赤道則為 0 度。天球座標和地理座標可以彼此對應，對於天文觀測者來說，是相當方便的工具。例如：

● 北極星與地平線的夾角，與觀測者所在地的緯度相同。
● 觀測者頭頂正上方（天頂）的赤緯，與觀測者所在地的緯度相同。

　　舉例來說，嘉義位於北緯 23.5 度。如果你去嘉義看星星，天頂的赤緯就是 +23.5 度，而且在距地平線夾角 23.5 度的天空可以找到北極星。不相信的話，不妨拿起紙筆，試試看用畫圖來驗證！

相應援抗敵的奇效。傻小子郭靖雖然不懂天文，卻意外悟出了這個陣法的一大弱點：如果敵人搶占了北極星位，就能以逸待勞，讓結陣的七人被動的跟著團團轉了。「天罡北斗陣」雖然是虛構的招數，金庸卻巧妙的將天文知識融合在武學的想像中。正如小說描述的一樣，北斗七星的勺口永遠遙指著北極星。我們利用勺口的天璇、天樞二顆星的連線，向外延伸五倍距離，就能找到北極星。這把大水勺不停的繞著北極星轉圈，「斗轉星移」這句成語，就是以北斗七星位置隨著時序移轉的變化，來形容時光飛逝。

　　古人很早就注意到眾星圍繞著北極星的現象。例如在《論語》中，孔子就拿此來形容理想的施政之道：「為政以德，譬如北辰，居其所，而眾星拱之。」孔子心目中理想的領導人以仁德為表率，下屬自然心悅誠服。

就好比北極星，雖然安穩不動，但周圍的星星都繞著它井然有序的運轉呢！由此可見，孔老夫子不只低頭飽讀經書，也常抬頭觀星、注意天文現象的。

星不落國

　　如果你花一整夜的時間觀察，會發現有些星星永遠不會落入地平線，整夜掛在天空中繞著北極星轉，它們就稱為「拱極星」。至於哪些恆星是拱極星呢？答案就不一定了，這要看觀測者在何處而定。

　　隨著觀測者所在地緯度的不同，頭頂上的星空也會跟著改變。在南半球看不到北極星，卻能看到許多在北半球少見的南天星座，例如著名的南十字座，在南半球一年四季都可見，因此成為許多南半球國家旗幟及文化的象徵。來到北半球，南十字座卻只在

春、夏之際出現在低緯度的熱帶近南方地平線的天空。如果你去新加坡（約在北緯1度）觀星，由於很靠近赤道，北極星幾乎貼著地平線，所以也不太有機會看到北極星。當你愈往北走，北極星與地面的夾角愈大，也掛在天空中愈高的位置。等你走到北極點時，北極星就在你的頭頂正上方了。

同樣道理，恆星的周日運動也隨緯度有很大變化。在赤道時，你會看到星星全都從地面垂直升起、垂直落下，沒有一顆恆星是拱極星。在臺灣這樣緯度低的地

不同緯度的斗轉星移

　　站在地球上不同緯度的地方，看見的星流跡也大異其趣，這是因為地球的自轉軸大致指向北極星，天上的所有星星都繞著北極星轉，因此，星流跡會隨著北極星的仰角而有所不同。在北極點，會看見所有星星繞著頭頂北極星移動，不會落入地平線；在赤道，則所有的星星都東升西落。

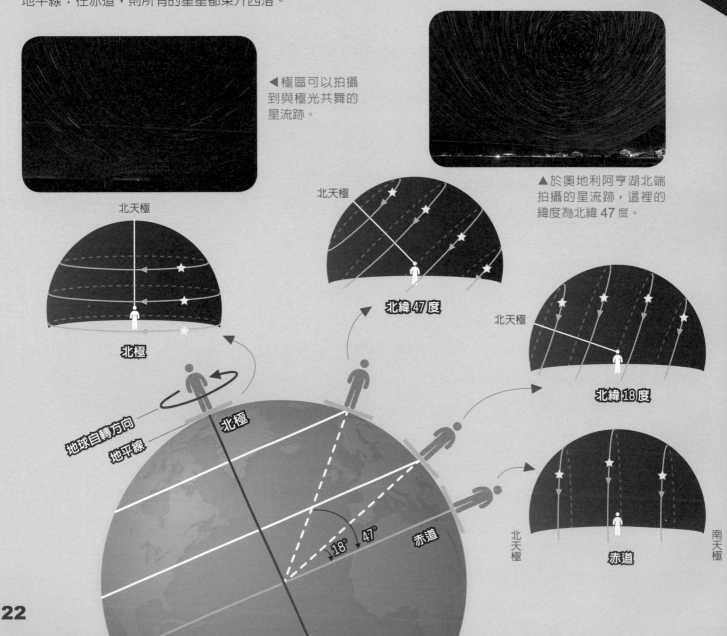

◀極區可以拍攝到與極光共舞的星流跡。

▲於奧地利阿亨湖北端拍攝的星流跡，這裡的緯度為北緯47度。

北天極

北天極

北緯47度

北天極

北緯18度

北極

地球自轉方向
地平線
北極

18° 47° 赤道

北天極

赤道

南天極

方，北斗七星不是拱極星，可是在美國、歐洲等緯度較高的地方，北斗七星就是拱極星了，永遠掛在天空轉圈。而在北極點，所有星星都成了拱極星，與地面平行移動而永遠不落下。如果聖誕老人真的住在北極，他的國度就是名副其實的「星不落國」了！

北極星「換人做」

我們已經解釋了恆星的周日運動，是由於地球自轉才造成斗轉星移的現象。如果把時間尺度拉長為幾千年以上，會發現北極星也「移動」了，這是怎麼回事呢？

地球的自轉軸並不是永遠固定朝著同一方向的。你可以把地球想像成一顆大陀螺。當你觀察搖晃不穩的陀螺時，會發現陀螺的軸心不是垂直於地面，而是隨著陀螺轉動而搖擺。這種旋轉物體（天

▲於泰國清邁因它暖山拍攝的星流跡，這裡的緯度為北緯 18 度。

▲於馬來西亞麥加島拍攝的星流跡，這裡很接近赤道，緯度為北緯 4 度。

體）自轉軸方向不斷改變的現象，在物理學上稱為「進動」，天文學上則稱為「歲差」。當然，地球自轉軸的進動並不像陀螺那麼明顯，而是長時間逐漸的細微改變。地球的歲差週期約為 2 萬 6000 年，也就是說，地球自轉軸要花這麼長的時間，才能漂移一圈回到原點。

歲差使得北極星也會隨著時間改變。我們前面有提到，現在的北極星「勾陳一」並不是真正的北天極，只是最接近的一顆亮星。由於歲差，北天極緩慢的移動，不停改變位置。在二千多年前孔子的時代，當時的北極星是「北極二」（小熊座 β 星）。勾陳一大約在西元 500 年左右成為北極星，它是相當稱職的北極星，因為它的亮度是 2.1 等，還算是明亮好辨認，而且也很靠近北天極，不會造成太大誤差。

一、二百年後，勾陳一與北天極的差距會愈來愈大，總有一天會不適合再繼續擔任北極星的角色。天文學家預測，大約 1000 年後，另一顆恆星「少衛增八」（仙王座 γ 星）將比勾陳一更靠近北天極，會成為新的北極星。明亮的織女星將在 1 萬 2000 年後接近北天極。織女星的視星等為 0 等，比勾陳一還亮五倍。假如人類到那時還生存在地球上，就能看到一顆璀璨耀眼的北極星。 科

黃相輔　中央大學天文研究所碩士、倫敦大學學院科學史博士。最大的樂趣是親手翻閱比曾祖父年紀還老的手稿及書籍。

繪圖：黃榆儒；圖片來源：Flickr CC./D3RX（極區）、Flickr CC./wermei（北緯 47 度）、達志影像（其他）

斗轉星移

國中理化教師　姜紹平

關鍵字：1. 星流跡　2. 拱極星　3. 歲差　4. 周日運動

主題導覽

　　古希臘人將天上的眾星想像成是鑲嵌在一個籠罩於頭頂上的大球殼，稱為天球。眾星隨著天球轉動，所以太陽、月亮以及恆星看起來會有東升西落的現象。天球上看起來唯一不移動的兩點，是地球南、北極所對應到的「南天極」及「北天極」，他們是地球自轉軸與天球的交點。目前此交點在北半球為北極星，因其位置很接近北天極而得名，但在南半球看不到。在南半球可以利用南十字星座中的「南十字一」與「南十字二」，從這二顆星連線往南延伸約 4.5 倍的距離，就會指到南天極，這個星座你只能在北迴歸線以南看得到。

　　所有星星（主要為恆星）都能視為在天球上的投影，並且用赤經、赤緯表示天體的位置。地球儀上用經、緯度表示地理座標，例如臺灣的座標就是（22~25° N, 120~122° E）。

　　星星的東升西落，是地球由西向東自轉造成的視覺效果。從地面上看來，星星無時無刻不在移動，所以使用天文望遠鏡觀星時，需要搭配赤道儀來追蹤星星，抵消地球的自轉效果。如果沒有使用赤道儀進行追蹤，星星不會「定格」，就能拍攝出它們拖出的星流跡。固定攝影是天文攝影最簡單的方法之一，不需要望遠鏡，只需一臺數位單眼相機、腳架加快門線，相機對準北極點（北極點與地平線的夾角，與觀測者所在地的緯度相同）或南極點，就可拍出眾星周日運動的路徑，也就是星流跡，星星各自沿著大小不同的圓形軌跡在天空中移動。地球自轉一周約為 24 小時，恆星在天空中會繞北極星轉一圈為 360°，換算可知每小時會轉動 15°（360/24=15），我們可以從長時間曝光照片中的星跡角度，得知曝光了多久時間。同一張照片中，愈接近北極星的恆星，星流跡的弧線長度愈短，但與圓心所夾的角度皆相同。

　　為了比較各種天體的亮度，我們把看到的亮度用視星等表示。將織女星的亮度訂為 0 等星，星星愈亮，星等愈小。北極星約是 2 等星，滿月約是 -12.6 等星，而肉眼所能見到最暗的約是 6 等星。個別恆星的命名，則以星座名稱為主，大致依照亮度分別加上希臘字母，最亮的為 α，次亮的為 β，γ、δ 依此類推。例如天琴座的 α 星就是我們稱的織女星；天鷹座的 α 星俗稱牛郎星或河鼓二。

　　我們能看到的天球有多少，是依所在緯度而定。從北極或南極只能看到一半天球，

在每個夜晚星星都繞著天極轉動，不會落入地平線（稱為拱極星），此時會看到最多的拱極星。在赤道，一年之中可以看到全部的天球，天極位於地平面的正北與正南兩端，所有星體上升又落下，所以看不到拱極星。在中緯度，一年之中只能看到一半天球加上另外半球的一部分，只有少數天體是拱極星。

大家熟知的北斗七星只是大熊星座的一部分，其形狀被想像成勺子。我們利用勺口的天璇、天樞二顆星的連線，向外延伸約五倍距離，就能找到北極星。現在的北極星為小熊座 α 星，但它並不是真的位於北天極，只是最接近的一顆亮星。地球自轉軸會受太陽影響，不斷發生輕微而規律的擺動，此現象在天文學上稱為歲差。5000 年前，天龍座右樞星是當時的北極星；周末漢初北天極在小熊座 β 星附近；目前北天極在小熊座 α 星附近；天文學家預測，約 1000 年後，北天極會在仙王座 γ 星附近，大約 1 萬年後，織女星會成為新的北極星；再過 2 萬 6000 年後，自轉軸又指回現在的北極星。這個擺動的歲差，是太陽和月球重力牽引地球所造成的。

挑戰閱讀王

看完〈斗轉星移〉後，請你一起來挑戰下列的幾個問題。

答對就能得到👍，奪得 10 個以上，閱讀王就是你！加油！

（　）1.何地觀測者在一年中能夠觀測到最大範圍的星空？（這一題答對可得到 3 個👍哦！）

①挪威奧斯陸（約 60° N, 10° E）　②澳洲（約 27° S, 133° E）

③臺灣臺北（約 25° N, 121° E）　④印尼雅加達（約 6° S, 106° E）

（　）2.在不同季節的夜晚觀測星空，發現可以看到的星座隨季節有所不同，這是因為下列何者所造成的？（這一題答對可得到 3 個👍哦！）

①地球自轉　②地球公轉　③太陽自轉　④太陽公轉

（　）3.今年某日面向天球北極，在夜間長時間曝光拍出周日運動的星流跡照片，發現恆星都環繞一個中心點做規律性的運動，這個中心點代表什麼？（複選）（這一題答對可得到 4 個👍哦！）

①北天極　②南天極　③北極星　④南十字星座

（　　）4. 利用暑假全家人到臺中縣大雪山遊樂區旅遊和觀星，其位置座標約在（24°
N, 120°E），海拔高度 1800~2996 公尺。夜間觀看北極星，望遠鏡與地
平線的夾角約為幾度？（這一題答對可得到 2 個👍哦！）
① 120　② 122　③ 60　④ 24

延伸思考

1. 當你問起天上有哪些著名的星座時，十之八九會得到這樣的答案：「大熊座北斗
七星！」請到圖書館或上網查詢大熊座在希臘神話中的故事、北斗七星在古代中
國的名稱，以及用北斗七星還可以找到哪些星座、恆星？

2. 黃道十二宮在天文學以及占星學上，有什麼相同或是相異之處？你又是屬於哪個
星座呢？

臺灣島
的前世今生

在我們的腳下，不斷默默進行著錯綜複雜的板塊運動。過去，它造就出了我們賴以為生的臺灣島；未來，它還將帶著臺灣島走向什麼樣的結局？

撰文／周漢強

我們所生活的臺灣島是一個很特別的地方，它既不是像夏威夷那樣的熱點火山，也不是像琉球群島那樣的火山島弧。在經過許多地球偵探上山下海、明察暗訪之後，我們終於大致拼湊出臺灣島的前世與今生。

站在板塊的交界處

從板塊運動的角度來看，臺灣位在歐亞板塊最東側的邊緣。在亞洲大陸與太平洋的交界地帶，有一片寬廣的大陸棚，水深不到 200 公尺，臺灣島就位在這片大陸棚的東南邊緣。從臺灣島再繼續往東，就是屬於菲律賓海板塊的範圍，所以臺灣東邊外海一離開岸邊，水深馬上就達到

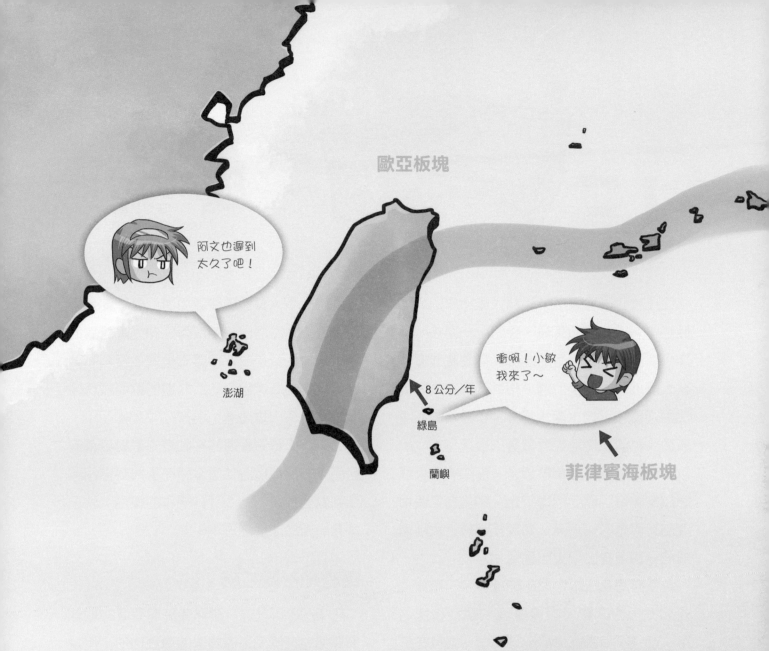

繪圖：張國瑞、曾建華

3000 公尺。臺灣就位在這二個板塊的交界地帶，這也是臺灣時常發生地震的原因。

所以位在臺灣島西邊的地區，例如臺灣海峽裡面的澎湖群島，就是位在歐亞板塊上，位在臺灣島東南邊的綠島，則位在菲律賓海板塊上。根據中央氣象局的全球衛星定位系統定位結果顯示，澎湖群島和綠島之間的距離每年都縮短約 8 公分。也就是說，菲律賓海板塊相對於歐亞板塊，正在往西北方向前進，靠近並推擠歐亞板塊，這稱為板塊的聚合。

板塊的結構分成上下二層，上層是密度比較小的地殼，下層是密度比較大的地函。位在大陸和大陸棚地區的板塊，上層的大陸地殼很厚，板塊的平均密度就會比地函小很多。在深海地區的板塊就不大一樣，這裡的板塊上層是很薄的海洋地殼，密度比較小的地殼只占了整個板塊的一小部分，板塊的平均密度也就接近地函的密度。所以當板塊和板塊互相聚合的時候，只有深海地區板塊的密度才夠大，有機會可以隱沒到板塊下方的地函裡面。

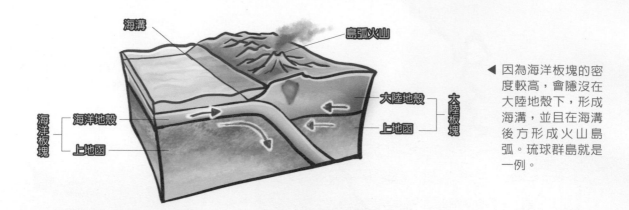

▲ 因為海洋板塊的密度較高，會隱沒在大陸地殼下，形成海溝，並且在海溝後方形成火山島弧。琉球群島就是一例。

位在歐亞板塊東側，亞洲大陸邊緣的大陸棚地區，從北邊的黃海、東海、一直往南延伸到臺灣海峽和南海的北側，都是屬於覆蓋著大陸地殼的板塊型態。相鄰的菲律賓海板塊則涵蓋了平均水深大約 4000 公尺的菲律賓海，屬於海洋地殼所覆蓋的板塊型態。所以當這二個板塊互相靠近時，菲律賓海板塊應該會隱沒到歐亞板塊下方，然後在二個板塊的交界處形成海溝，海溝後方靠近大陸地殼的一側還會出現火山島弧。

看看臺灣和日本之間的琉球一帶，確實就是如此，菲律賓海板塊隱沒於歐亞板塊之下，產生一道圓弧形的琉球海溝，並且在琉球海溝後面形成了琉球火山島弧。但如果仔細觀察一下，會發現琉球海溝只有延伸到臺灣東邊的外海而已，並沒有延伸到臺灣島的邊緣來。也就是說菲律賓海板塊並沒有沿著臺灣東邊的海岸線，向西北邊的歐亞板塊隱沒，也沒有出現海溝，這實在太奇怪了！

如果菲律賓海板塊的移動方向是對著臺灣島而來，那板塊為什麼沒有在臺灣島這裡隱沒到歐亞板塊下方？其實關鍵的線索，就在臺灣周圍的海底地形！

海底地形露玄機

在 1998 年以前，雖然有許多臺灣的地球偵探努力在探測臺灣周邊的海底地形，但是因為臺灣附近的海底地形實在是變化太大，測量工作只能一點一點的進行，慢慢把海底地形的特徵描繪出來。當臺灣周圍清楚的海底地形圖第一次被發表出來的時候，大家的目光立刻就被臺灣南邊的海底地形給吸引。從地形圖（見右頁圖）我們可以看見，臺灣島最南邊的陸地是恆春半島，而在恆春半島南邊的海床上，居然有一個形狀跟恆春半島一模一樣的海底地形。

莫非，恆春半島南邊海底下隆起的地形，就是臺灣島未來的模樣！？

繪圖：張國瑞、曾建華

要解答這麼刺激的問題，我們應該先冷靜觀察一下臺灣南邊的海底地形。這裡有一條往南邊延伸的馬尼拉海溝，海溝的西側是歐亞板塊，東側是菲律賓海板塊。然而特別的是，在歐亞板塊的大陸棚和馬尼拉海溝之間，還夾著一個海——南海，也是歐亞板塊的一部分。換言之，馬尼拉海溝兩側都是由海洋地殼所覆蓋的板塊型態，結果就不一定是菲律賓海板塊要隱沒了。相反的，由於南海下方的板塊密度比菲律賓海板塊更大，最後反而是歐亞板塊在馬尼拉海溝這裡，隱沒到菲律賓海板塊之下，而一連串的火山島弧，反而是出現在馬尼拉海溝的東側，從南往北分別是巴布煙群島、巴丹群島，以及我們所熟悉的蘭嶼跟綠島，都是屬於這一系列的火山島弧，統稱為「呂宋島弧」。

所以琉球海溝沒有繼續往西南邊延伸的原因，就是因為這裡出現了不一樣的板塊隱沒帶——馬尼拉海溝的緣故嗎？這只是其中一半的答案而已，另一半的答案，就在琉球海溝和馬尼拉海溝中間的這一段神祕地帶。

綠島會撞上臺灣！？

還記得我們剛剛說，因為菲律賓海板塊與歐亞板塊正在互相靠近，澎湖和綠島之間的距離每年都在縮短對吧！那麼，同樣位在菲律賓海板塊上的蘭嶼，還有南邊的巴丹、巴布煙群島，是不是也正在往臺灣的方向前進呢？沒錯，順便告訴各位，它們不僅都在往臺灣的方向前進，而且早晚會撞上臺灣！

難道臺灣島的末日要到了嗎！？如果綠島撞上來，會不會像隕石撞地球一樣慘烈呢！？

嗯，大家不用擔心，綠島的相對移動速度每年只有8公分，動作很慢，不會把臺灣島一下子撞壞的。而且，就某種程度上來說，其實綠島應該「已經」撞到臺灣島了。

想像一下綠島的形成過程，它是因為板塊隱沒所導致的岩漿活動，從將近4000公尺深的海床慢慢往上堆疊、向上抬升而來。所以雖然海面上的綠島看起來小小的，但其實海面下有個很大的綠島「基座」。當整個綠島往臺灣方向靠近的時候，下方的巨大基座理論上就會先卡到臺灣，把位在臺灣島上的岩石和地層給「擠」高一點。

在呂宋島弧中，綠島最接近臺灣島，然後是蘭嶼，而巴丹群島則較遠。相對的，

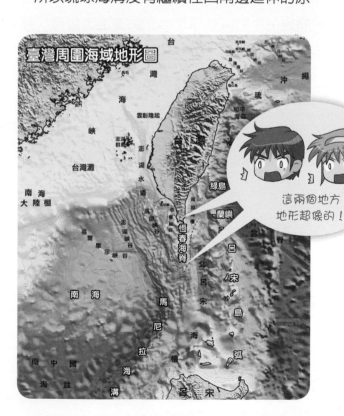

臺灣周圍海域地形圖

這兩個地方地形超像的！

圖片來源：臺灣大學海洋研究所劉家瑄

綠島前進方向上的臺灣島地勢最高，蘭嶼前進方向上的臺灣島地勢較低，而巴丹群島的更低，隆起的地形根本還在海面之下。若綠島、蘭嶼和巴丹群島將來一一撞向臺灣島，臺灣島的高度就會愈來愈高，而且今天位在恆春半島以南的海底地形，未來就會隆起高出海面，形成臺灣島新的南端陸地。

說到這裡，各位讀者應該會很興奮，因為臺灣島會變得愈來愈大！不過現實的狀況是，板塊移動速度很慢，一年只移動 8 公分，而綠島距離臺灣島最近的臺東有 33 公里，換算下來，最快也要 400 多萬年才會撞上。所以要在我們有生之年看到臺灣島變大，恐怕不是一件容易的事情。

臺灣島的前世

如果綠島可以把臺灣島愈推愈高的話，那在綠島之前，是不是有其他的火山島已經撞上歐亞板塊的邊緣，才形成現在的臺灣島呢？把綠島前進的方向畫在地圖上，我們就會立刻發現，綠島未來的位置好像會緊接著海岸山脈的最南端，讓海岸山脈繼續往南延伸。莫非位在臺灣東側的海岸山脈，它的「身世」和綠島有關、和呂宋島弧有關？

其實，有許多地球偵探早就發現海岸山脈的岩石很不一樣。臺灣島的岩石地層大多是在淺海到深海的環境所形成的沉積岩，然後被抬升到地表之上。但是海岸山脈的岩石地層，卻都是火山灰、火山碎屑，或是岩漿冷卻所形成的火成岩，和綠島、蘭嶼以及火山島弧的岩石特徵非常相近。甚至還有幾位地球偵探找出了海岸山脈中可能的老火山口遺跡，更加肯定了海岸山脈當年可能也是一座座獨立的火山島，像綠島、蘭嶼一樣。

我們現在就先試著倒帶，把蘭嶼、綠島和海岸山脈先一個一個拉回臺灣的東南方。在臺灣島還沒形成時，從歐亞板塊的亞洲大陸開始，往東邊依序是今天的東海大陸棚、臺灣海峽大陸棚，以及南海北側的大陸棚。今天臺灣的位置，當時應該是一片和南海相連

臺灣島的誕生

❶ 約 1600 萬年前

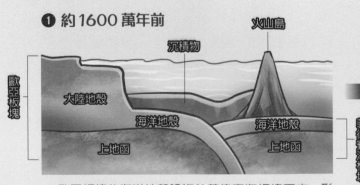

▲ 歐亞板塊的海洋地殼隱沒於菲律賓海板塊下方，形成馬尼拉海溝，並在菲律賓海板塊上產生火山島弧。板塊的隱沒也刮起了一些沉積物。

❷ 約 600 萬年前

▲ 歐亞板塊的海洋地殼持續隱沒，沉積物被推擠得愈來愈高，即將突出海面。

的深海，隔著海溝與菲律賓海板塊相鄰。

　　就和今天歐亞板塊的南海會隱沒到菲律賓海板塊下方一樣，當年位在臺灣這裡的深海，同樣漸漸隱沒到菲律賓海板塊之下，並且在菲律賓海板塊上頭形成火山島弧，也就是後來的海岸山脈。當深海漸漸隱沒，西側臺灣海峽的大陸棚和東側菲律賓海板塊上頭的火山島弧於是慢慢靠近，這些火山島嶼把隱沒板塊上頭的沉積物刮起來，並且往臺灣海峽大陸棚的方向推擠，最後推擠到海面之上，形成了最初的臺灣島。

　　接著，排列在綠島北方一座又一座的火山島嶼，接二連三撞上歐亞板塊的邊緣，由北往南，持續把歐亞板塊的邊緣擠出海面，形成了今天臺灣島的模樣。

　　謎底終於揭曉，原來是一連串的火山島不停撞上歐亞板塊的邊緣，不僅導致臺灣島的形成，也阻礙了菲律賓海板塊的隱沒，琉球海溝才會只延伸到臺灣島的外海就結束。

　　其實，臺灣島的故事還有很多神祕的地方，像是澎湖群島的誕生、臺灣北部和北部外海的火山活動、龜山島和附近的海底火山、還有宜蘭平原的張裂等等，都是很有趣的故事，值得我們繼續去探索喔！

作者簡介

周漢強　臺中市清水高中地球科學老師，人稱「強哥」，經營部落格「新石頭城」。從高中開始熱愛地球科學，除了地科之外，他也熱愛加菲貓。

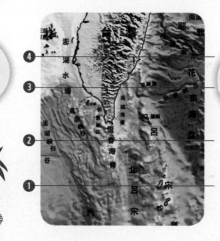

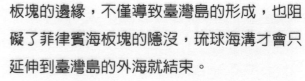

大發現！下方的圖和右圖這些地方的剖面，形狀幾乎一模一樣！

沒錯～所以未來，綠島、蘭嶼、巴丹群島等，都會和海岸山脈一樣，陸續撞上臺灣。

繪圖：張國瑞、曾建華

❸ 約 300 萬年前

▲ 沉積物被不斷推擠，終於露出海面，形成最早的臺灣島。

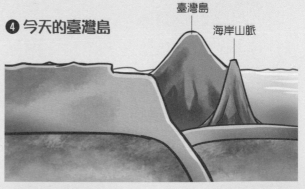

❹ 今天的臺灣島

臺灣島

海岸山脈

▲ 持續的板塊推擠使得火山島與臺灣島擠在一起，就是今日臺灣東部的海岸山脈。

臺灣島的前世今生

國中地科教師　羅惠如

關鍵字：1.地球內部構造　2.板塊運動　3.聚合性板塊交界　4.臺灣島形成

主題導覽

　　造成地球地貌改變的力量，主要可歸納為內營力與外營力二大類，外營力就是我們較為熟悉的「風化」、「侵蝕」、「搬運」、「堆積（沉積）」，能讓裸露在地表高聳的地貌在日積月累的作用下逐漸變得平坦；而內營力意指地貌的改變來自地球內部的力量，主要是「板塊運動」。

　　想像地球是 3D 球體的拼圖，由許多塊小拼圖組成地表較堅硬的部分（岩石圈），而這些部分稱為板塊，是由「地殼及部分上部地函」所組成，而地殼又可細分為密度較小的大陸地殼及密度較大的海洋地殼兩種，大陸地殼主要由花岡岩所組成，平均厚度約 40 公里；海洋地殼主要由玄武岩組成，平均厚度約 4 公里。板塊則可以是由大陸地殼、海洋地殼、大陸及海洋地殼再加上部分上部地函所構成。

　　板塊的移動從古至今歷經大陸飄移、海底擴張等學說，直至 20 世紀晚期才以「板塊構造學說」來敘述這些板塊可能的移動方式及動力。板塊構造學說主要認為地球岩石圈分為許多板塊，有如拼圖一般，位於地函的軟流圈之上，由於軟流圈是略有流動性的半固液態物質，依著地球內部的熱對流可以帶動板塊移動。

　　板塊的相對運動，在板塊交界帶可大致分為聚合性板塊交界、張裂性板塊交界、錯動性板塊交界等，板塊運動使板塊交界容易產生地震，因此透過地震紀錄科學家就可以將各板塊的邊界在地球上大致劃分出來。

形成臺灣島的板塊運動

　　從板塊運動的角度來看，現階段的臺灣位於歐亞板塊及菲律賓板塊的交界，在此聚合性板塊交界的情形，並非只有菲律賓板塊隱沒到歐亞板塊下如此簡單。比較像是左右手掌嵌插交疊（如左圖），臺灣東北方向為菲律賓板塊隱沒到歐亞板塊下，而臺灣南方則為菲律賓板塊疊在歐亞板塊上方。

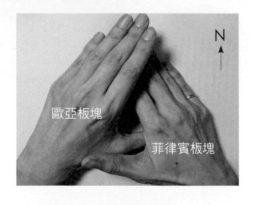

歐亞板塊　　菲律賓板塊　　N

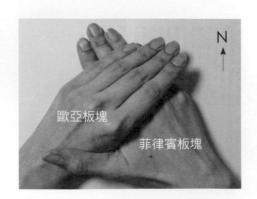

歐亞板塊　　菲律賓板塊　　N

從〈臺灣島的前世今生〉一文中細看臺灣島的誕生過程可知，現今臺灣島南側的部分，於 1000~2000 萬年前位於西側的歐亞板塊與東側的菲律賓板塊互相聚合時，逐漸隱沒到菲律賓板塊下，此隱沒帶就是馬尼拉海溝。由於隱沒時海洋地殼帶了少許海水到了較深的地方，推動熔融的岩漿往上在菲律賓板塊上逐漸形成了火山島弧，地質證據推測海岸山脈就是其中一個古代的火山島。600 萬年前，海洋中的沉積物在二個板塊持續聚合時，有如推土機般將海底沉積物愈推愈高，直至 300 萬年前，這些逐漸被推高的沉積物終於露出海面形成了最早的臺灣島。原本位於較東方的火山島（海岸山脈的部分）也被拉近與臺灣島合併為一個大島，形成了現在我們所見的臺灣島。

臺灣島的未來

在現今的臺灣島高山仍能見到許多海洋的沉積物或海洋生物化石，足以證明臺灣島古代確實是在海洋底部，再經由板塊擠壓推擠而來。然而，板塊的運動是不會停止的，在海底地形圖逐漸被描繪出來後，我們已發現在恆春半島南方的海床上有個類似恆春半島的地形，足以顯示經由這樣推擠的力量，臺灣島未來將有更多的面積位於海面之上，而在東南方的綠島、蘭嶼等將被拉近靠向臺灣島，亦是有朝一日可能發生的事呢！

挑戰閱讀王

看完〈臺灣島的前世今生〉後，請你一起來挑戰下列的幾個問題。

答對就能得到👍，奪得 10 個以上，閱讀王就是你！加油！

（　）1.利用地震紀錄資料可以得知板塊的邊界，也能知道地球是由多少個板塊拼成，組成板塊的數量會隨著時間再度改變嗎？（複選題）（這一題答對可得到 4 個👍哦！）

①會，在地震資料持續蒐集後，可能發現新的板塊交界

②會，因為大多數地震紀錄資料於人類活動處較密集，地球有 70% 左右為海洋，海底地震可能沒有完全被偵測記錄到

③不會，地球是由固態的岩石和金屬組成，就像拼圖一樣必須固定不動

④不會，近期地心將逐漸冷卻，已無動力推動板塊移動。

（　）2.有關臺灣島的過去與未來，何者敘述為真？（複選題）（這一題答對可得
　　　到 4 個 👍 哦！）

　　　①臺灣島將愈長愈高

　　　②臺灣島將會沉沒

　　　③海岸山脈岩石分類應大多屬於火成岩

　　　④綠島撞向臺灣是較困難的事，原因在於基座部分將先行碰觸臺灣島，較
　　　　難使綠島以「撞擊」方式撞向臺灣。

（　）3.由琉球群島及呂宋島弧的形成過程，可說明哪些可能？（複選題）（這一
　　　題答對可得到 4 個 👍 哦！）

　　　①此二島弧均為火山島弧，可推測臺灣也是火山島的一部分

　　　②此二島弧均為火山島弧，對照板塊交界的類型，可推得這些地方為聚合
　　　　性板塊交界附近

　　　③由島弧的位置可知此二處均為被推擠到上方的板塊部位，而非被隱沒的
　　　　板塊部位

　　　④由二島弧出現的相對位置推論，歐亞板塊及菲律賓板塊聚合的方式為類
　　　　似左右手嵌插交疊的方式，非只有單純一方隱沒的狀況。

延伸思考

1.查一查現今的地球有哪些板塊所構成？推測這些板塊未來可能發展的狀況，會往
　哪個方位移動、板塊面積會擴大還是縮小、是否造成地表上地貌的變化或人類活
　動災害？

2.利用 Google 地圖功能，點選左下角「地球字樣」，可獲得簡易的臺灣海底地形
　圖，對照〈臺灣島的前世今生〉文章，你能看出板塊的邊界嗎？動手操作看看，
　也可以探索其他有興趣的陸地或海洋地貌。

3.板塊移動的速度很慢，以〈臺灣島的前世今生〉文章中提及，綠島每年相對臺灣
　移動約八公分，最快得 400 萬年後才會撞向臺灣。想想看或查一查資料，科學家
　如何測得這些數據？

氣象觀測
法寶大公開

氣象報告上充滿著各種資訊，像是溫度、濕度、風力、雨量，甚至還有衛星雲圖、雷達回波圖等等。這些好用方便的資訊，是怎麼來的呢？

撰文／王嘉琪

百葉箱

雨量計與蒸發皿

每次有颱風來臨，電視上的氣象報告總會秀出「衛星雲圖」，讓我們清楚看見目前颱風的外觀、大小及位置。我們可以在氣象局的網站，或是用許多方便的氣象app，即時知道溫度、濕度，甚至可以透過雷達回波圖，知道哪裡正在下雨。但是，你知道這些方便又實用的資訊，是怎麼來的嗎？地球偵探收集氣象資料的方法很多，會讓你大開眼界喔！

從地面觀測氣象

在許多氣象站都會有一個被柵欄圍住的草地範圍，稱為觀測坪，這就是氣象人員主要從事地面觀測之處，通常會在角落通風良好且不受附近建築或樹木遮蔽的地方，擺上一個大家常見的白色百葉箱，距地面約 1.25~2 公尺，裡面有溫濕度計及空盒氣壓計。百葉箱的開口在北半球要朝北，南半球要朝南，南北回歸線之間的地區則南北兩側都要有開口，根據季節使用不同方向的開口，目的是希望觀測員打開百葉箱做紀錄時，陽光不會影響到觀測數值。觀

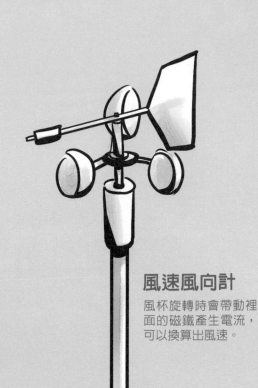

風速風向計
風杯旋轉時會帶動裡面的磁鐵產生電流，可以換算出風速。

繪圖：張國瑞

溫濕度計

日照儀
陽光透過水晶球時會被聚焦，燒焦後面的記錄紙，紙上有事先劃好的格子，對應到每天的時間。

測坪的其他地方則分布著雨量計、蒸發皿、風速風向計等等測量儀器，這些儀器彼此之間要保持一定的距離，才不會互相影響觀測數值。

觀測坪通常會選在平坦開闊，排水良好的地方，四周的木柵欄或鐵絲網，是為了避免野生動物進去偷喝蒸發皿裡的水。觀測坪的地點不會在建築物或大樹邊，也是為了確保觀測數值誤差愈小愈好，這樣將來跟其他地點的資料綜合在一起時才能提供給大家完整又正確的資訊。

儘管隨著科技進步，許多測站已經加裝自動測報系統，各地主要的氣象站還是會保留傳統的觀測坪及百葉箱，因為這些資料可以用來比對自動測報系統是不是有正常運作。

氣象觀測還包括了許多只能依賴觀測員肉眼觀測的項目，例如雲量、雲狀、能見度等等。每個項目的觀測都有固定的流程及標準，步驟相當繁雜而且三個小時就要記錄一次，所以早期的氣象觀測員是相當忙碌的，進行完例行觀測後，還要忙著騰抄報表、校對資料、編輯電碼、在規定的時間內將紀錄傳回氣象局，有時還要維修氣象站的設備。

在空中觀測氣象

剛剛介紹的都是在地面做觀測，但是天氣變化不會只局限在地面附近，還有高空中的變化，這就真正讓科學家傷透腦筋了。就算爬上臺北 101 大樓也才大約 508 公尺高，能觀測到的範圍及高度相當有限。

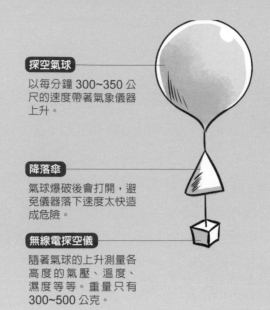

探空氣球
以每分鐘 300~350 公尺的速度帶著氣象儀器上升。

降落傘
氣球爆破後會打開，避免儀器落下速度太快造成危險。

無線電探空儀
隨著氣球的上升測量各高度的氣壓、溫度、濕度等等。重量只有 300~500 公克。

所以科學家們就想出各種奇招來把觀測儀器送上天去，像是把觀測儀器盡量縮小，減輕重量，再用大氣球把這些氣象儀器及無線電發射器帶上去。讓氣球慢慢上升，沿路測量各高度的氣壓、溫度和濕度，再搭配 GPS 記錄氣球的位置，就能算出各高度的風向及風速。以這種方式觀測可以涵蓋到大約離地面 30 公里左右的高度。

氣球上升時會逐漸膨脹，到達平流層約 30 公里的高度時會爆破，儀器就會掉下來，為了避免落下的速度太快造成危險，儀器上還有配戴降落傘，不過絕大多數的儀器都會降落在海上，無法回收。

這就是目前標準的高空觀測項目，全世界的氣象單位都會在格林威治標準時間半夜及中午 12 點時施放氣球，也就是臺灣的上午及下午 8 點，每天到了這二個時間，板橋及花蓮測站都會施放一次探空氣球。這樣才能夠把大家的觀測資料集合在一起，所以氣象觀測是個需要國際合作的項目喔！

繪圖：張國瑞

用雷達觀測氣象

　　但是這樣的觀測依然還不夠完整，因為天氣現象隨時都有可能發生，一天放二次氣球怎麼夠呢？所以科學家又想出了用雷達來觀測天氣的方法。

　　雷達觀測的原理是利用波的反射，氣象雷達會發出電磁脈波，脈波的意思是發射電磁波的方式是一個波一個波的依序發出去，像是脈搏一樣，電磁波碰到空氣中的物體會反射，雷達會同時接收這些反射回來的波（回波）。不同性質、大小的物體反射電磁波的特性都不同，例如一朵雲中的

我有問題！

氣象雷達發出的電磁波會不會對人體有害呢？

　　其實不會，因為雷達發出的電磁波波長是5~10公分，大概是 FM 廣播電臺的波段，完全不會傷害人體。

雨滴總共的體積愈大，回波強度就愈強，所以回波很強時，可能代表有很多顆小雨滴，也可能代表雨滴不多但是每一顆都很大。在體積一樣大的情況下，雨滴（液體）的回波強度也比小冰珠（固體）強。所以，科學家就可以利用回波強弱來分析物體的大小及性

氣象雷達觀測

氣象雷達會放出電磁脈波，利用回波的強弱及時間，推測空氣中的雨滴的總體積。雷達在掃描的時候，會從很低的仰角開始，一圈一圈往高仰角掃去，不過在雷達的正上方，還是會有一個漏斗形的區域無法觀測到。

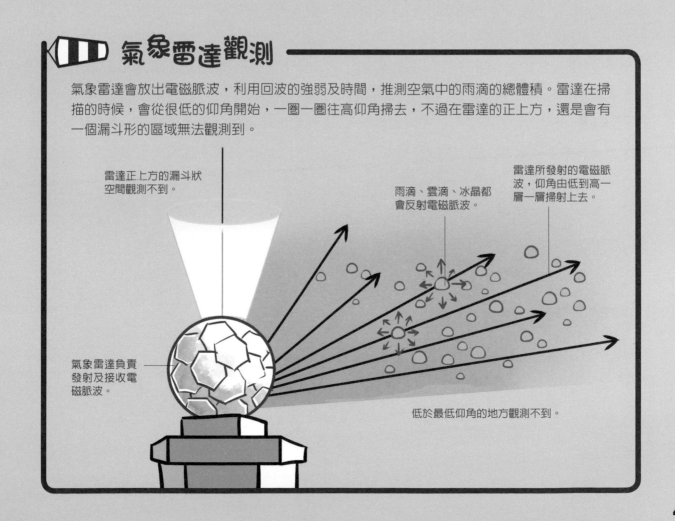

雷達正上方的漏斗狀空間觀測不到。

雨滴、雲滴、冰晶都會反射電磁脈波。

雷達所發射的電磁脈波，仰角由低到高一層一層掃射上去。

氣象雷達負責發射及接收電磁脈波。

低於最低仰角的地方觀測不到。

質，還可以利用發射與接收到回波之間的時間差距，來推估物體的距離。

雷達在觀測時，會先以很低的仰角，360度水平旋轉掃射四周，掃完一圈後仰角提高一些些，再掃射一圈，就這樣一層一層的做觀測，整個觀測大約 7~10 分鐘就可以完成，相當有效率。地面氣象雷達站最遠可以觀測到 450 公里外，涵蓋的範圍很廣，但是臺灣因為地形崎嶇，還是有很多地區被山脈地形擋住，提高了觀測上的難度。雷達本身也有一些死角，像是仰角很低的地方，及雷達正上方的空間都無法觀測到。

目前氣象局有四座雷達站，軍方則有二座，已經把臺灣及附近島嶼都涵蓋了。如果你去氣象局的網頁上點選雷達回波的觀測，就可以看到即時的回波資料，大約每 10~15 分鐘就會更新一次，相當密集喔！近年來臺灣積極與周邊國家合作，像是日本的與那國島、菲律賓、中國等，將鄰近國家的雷達資料整合在一起，就可以提早知道遠

方的天氣變化，警告民眾做準備了。

到外太空去觀測氣象

既然講到遠方的天氣變化，那就一定要提一下，我們東方廣大的太平洋，這麼大一片，就算在每個海島上都設置雷達站，也沒辦法完整的覆蓋呀！該怎麼辦呢？如果能有一架飛機，載著雷達每天繞太平洋飛上幾圈，應該就可以收集到非常多資料吧？的確，這是個好辦法，科學家也常常用這招，不過更好的方法是，乾脆用火箭將觀測儀器載到外太空，從更高的地方做觀測，這就是氣象衛星了。

根據不同的觀測需求，我們現在有同步衛星及極軌衛星。同步衛星會位在固定的經緯度上跟著地球轉，負責定點觀測，由於高度非常高，約在離地面 3 萬 6000 公里處，只要用四顆衛星就能涵蓋全球的範圍。我們看到氣象局網頁上的衛星雲圖，就是用同步衛星拍攝的，利用不同波段的電磁波，就可以

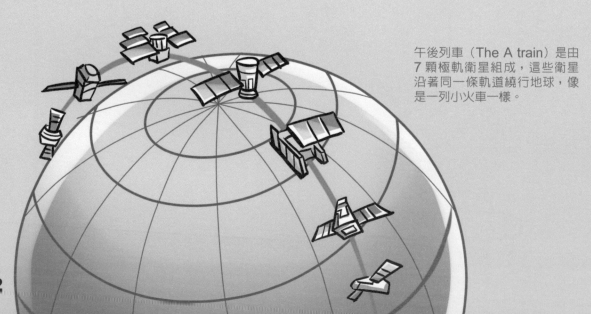

午後列車（The A train）是由 7 顆極軌衛星組成，這些衛星沿著同一條軌道繞行地球，像是一列小火車一樣。

繪圖：張國瑞

分析出雲的高度、厚度、水氣的多寡等資料。但是同步衛星分布在赤道區域，南北極不容易看清楚，所以還要有極軌衛星來補強兩極的觀測。極軌衛星飛得比較低，高度大約 800 公里，往下觀測時會看得更清楚，繞行的速度也比較快，還可以像小火車一樣排起來，進行合作觀測，是目前最夯的觀測方式了。

「午後列車」（The A train）就是這樣的衛星小火車，由 7 顆極軌衛星組成，這些衛星沿著同一條軌道繞行地球。極軌衛星又稱太陽同步衛星，會在每個時區當地時間下午約 1:30 通過赤道附近，所以稱為午後列車（A 代表 Afternoon 的意思），從第一顆衛星通過到最後一顆衛星通過，之間只會差幾分鐘而已。衛星上會搭載許多遙測儀器，利用不同的電磁波波段做觀測，每顆衛星負責的觀測項目不同，除了傳統的溫度、濕度、風速、風向，還包含了空氣中的水氣含量、水或冰的含量、溫室氣體的濃度、氣懸膠的成分及質量、地表的反照率、沙塵暴、植被、冰帽、河流湖泊的分布等等。

高難度的挑戰

王之渙說：「欲窮千里目，更上一層樓。」想要看得遠就要爬得高，所以，科學家經過多年的努力，終於把氣象儀器送到夠高的太空中，能夠隨時觀測到全球的天氣變化了。不過，說起來簡單，做起來可不容易。事實上，還有很多時候或區域很難觀測到，像是

同步氣象衛星，在地球赤道上方 3 萬 6000 公里處，跟著地球自轉同步繞行地球。

颱風這種劇烈的天氣現象，深厚的對流雲讓氣象衛星很難看清楚颱風內部，只能用飛機載著「投落送」把儀器丟進去觀測。還有神出鬼沒的龍捲風，出現的時間很短，範圍也小，連地面雷達站都不一定能抓到它，通常只能由事後的災情去推測當時的情況。有些觀測項目，則是氣象衛星目前仍無法代勞的，像是濕度的測量誤差還是很大，各高度層的風速、風向則受限於要靠雲的移動來計算，所以也不是每個高度或地理位置都有。

即使是做地面觀測，我們也常常感到力有未逮，因為氣象站分布的密度還是不夠高，尤其是在偏遠的山區，常常山的兩側天氣完全不同，可是氣象站卻只在某一側，也就只能觀測到一部分的天氣。隨著科技的進步，氣象儀器愈來愈精密，成本也降低了，許多人在自家的庭院或窗臺設置小型的自動測站，還有一些人在研究怎麼用手機做氣象觀測。目前這些都不算正規的氣象觀測資料，但是說不定將來可以協助我們更即時、更精確的知道局部地區的天氣變化，讓我們一起期待吧！🈑

作 者 簡 介

王嘉琪　文化大學大氣科學系副教授，資深正妹，熱愛光著腳丫跑步與分享科學知識。

氣象觀測法寶大公開

國中理化教師　姜紹平

關鍵字：1. 格林威治標準時間　2. 電磁波　3. 衛星雲圖　4. 紅外線

主題導覽

　　在日常生活中時常可以聽到「天氣」、「氣候」與「氣象」這三個名詞，感覺意思差不多。例：某媒體播報時會說「金門昨天下午氣候不穩定，能見度低，航空站臨時關閉。」較正確說法應將氣候改為天氣。

　　天氣是指短時間（如一日以內）的氣象變化；氣候則是某一地區至少一個月以上，長時間的平均氣象狀態；氣象就是大氣的狀態或現象，氣象要素有氣溫、氣壓、降水、風速、風向等。就一般人的日常生活及生物的成長而言，較有影響的因素是氣溫與降雨。

　　地球的外圍被一層空氣包圍著，稱為大氣層，大氣的最底層叫做對流層，從地表向上約 10 公里高的範圍，大氣顯著上下對流，我們經歷的天氣變化，都在這一層發生。離開對流層，便進入平流層底部，其空氣擾動較少，適合長程客機飛行。高約 50~85 公里的高空稱為中氣層，溫度會隨高度上升而下降。再向上來到增溫層，其高度愈高氣溫也愈高。

　　格林威治標準時間（GMT），是指位於英國倫敦郊區的皇家格林威治天文臺當地的標準時間。因為本初子午線（即 0 度經線）被定義通過格林威治的經線（地球表面連接南北兩極的大圓線上的半圓弧）。

　　本初子午線向東（東經）GMT+（加）；向西（西經）GMT-（減）。例如臺北時區為 GMT+8 也就是臺北的時區為格林威治標準時間 +8 個小時。紐約時區為 GMT-5 也就是臺北比紐約快 13 小時。義大利的時區是 GMT+1，那麼臺灣時間就是比義大利時間快了 7 個小時（8-1=7）。目前標準的高空觀測項目，全世界的氣象單位都會在格林威治標準時間半夜及中午 12 點時施放氣球，也就是臺灣的上午及下午 8 點，每天到了這二個時間，板橋及花蓮測站都會施放一次探空氣球。

　　衛星（人造）遙測的產物為影像，應用於地形資訊萃取、國土監測、勘災、氣象、地球科學研究及環境生態教育等，依環繞方式分成繞極軌道衛星與地球同步衛星。

　　繞極軌道衛星的典型軌道高度距離地表上空約為 800 公里，運行速度約 2 萬 7000 公里／小時，大約每 90~120 分鐘可以環繞地球一圈，再配合地球自轉，則此人造衛星一天內可以通過地球上每一個地點二次，因此可以監測到地球上每一個地方，適用於大範圍、長時間的地球環境變化觀測。

地球同步衛星以距地表約 3 萬 6000 公里軌道高度，在地球赤道上空和地球一起繞著自轉軸運轉。單獨一顆同步衛星適用於監測地區性、短時間且發展快速，需連續且密集的觀測，例如颱風。

電磁波按波長或頻率依序排列即為電磁波譜，其中波長最短的是伽瑪射線，隨波長漸增依序為 X 射線、紫外線、可見光、紅外線、微波、無線電波等。我們看到氣象局網頁上的衛星雲圖，常見的有三種：「可見光雲圖」、「紅外線雲圖」及「水氣頻道雲圖」就是用氣象衛星拍攝的，雲圖是利用可見光、紅外線等不同波段拍攝，可以分析出大氣中雲的高度、厚度、水氣分布等資料。

氣象觀測的目的，主要將氣象要素予以數量化，以利資訊比較和交換，但更重要是為了天氣預報做準備工作。像過去的諺語「天上鯉魚斑，晒穀不用翻」，就是從觀測累積經驗來預測天氣。由於科技進步，氣象觀測的類型更多元化，有地面氣象觀測、高空觀測、雷達觀測和衛星觀測等。

為了使觀測資料更能運用於氣象預報，世界氣象組織規定以格林威治時間的 0、6、12、18 時等四個時段，全球同步進行氣象觀測，如此才能整合並了解全球環流在同一時間的狀態，有助於正確的氣象分析與預報。當然各國仍可因其特殊天氣系統，增加觀測時段。目前中央氣象地面測站每隔三小時，會自動將許多氣象觀測資料，提供給世界各國，也為本地氣象提供更細膩、更多樣的服務。

挑戰閱讀王

看完〈氣象觀測法寶大公開〉後，請你一起來挑戰下列的幾個問題。

答對就能得到👍，奪得 10 個以上，閱讀王就是你！加油！

（　）1.觀測坪就是氣象人員主要從事地面觀測之處，通常會在角落通風良好且不受附近建築或樹木遮蔽的地方，擺上一個大家常見的白色百葉箱，距地面約 1.25~2 公尺，裡面有溫濕度計及空盒氣壓計。請回答有關設計百葉箱的條件，哪些敘述較合理？（複選）（這一題答對可得到 4 個👍哦！）
①百葉箱常見的是白色，塗上黑色更好，可得到更準確的氣溫
②溫濕度計及空盒氣壓計放入百葉箱中，是為了避免太陽光直射，並保持良好的通風

③其開口在北半球要朝北，南半球要朝南，南北回歸線之間的地區則南北
　兩側都要有開口，根據季節使用不同方向的開口，目的是希望觀測員打
　開百葉箱時，陽光不會影響到觀測數值

④百葉箱距地面高度最好是 2.5 公尺，因不易吸到地面反射的熱氣

（　）2.天氣變化受高空大氣層影響很大，高空氣象觀測非常重要，其主要方法是
　　　氣象人員從地面釋放探空氣球到高空，並攜帶觀測儀器送上天去。其上升
　　　過程中的任務有哪些？（複選）（這一題答對可得到 3 個👍哦！）

①上升過程中，無線電探空儀沿路測量各高度的氣壓、溫度和濕度

②收集到的資料，以無線電傳回測站

③搭配 GPS 記錄氣球的位置，就能算出各高度的風向及風速

④能觀測到雲系中的降水現象，並推測出空氣中雨滴的總體積

（　）3.能最具體得到颱風內部雨勢分布情形的是哪一種觀測方式？（這一題答對
　　　可得到 2 個👍哦！）

①地面氣象觀測　②高空觀測　③雷達觀測　④衛星觀測

（　）4.氣象衛星根據運行方式可分為二種，「繞極軌道氣象衛星」和「地球同步
　　　氣象衛星」，它們有哪些特色？（複選）（這一題答對可得到 3 個👍哦！）

①前者：它的路徑和太陽一直保持固定的角度，所以又稱為「太陽同步衛
　星」，每次拍攝的雲圖都是地球上不同地區的雲圖

②後者：因為它永遠在赤道上空而且繞地球的速度和地球自轉的速度相同，
　每顆衛星每次拍攝的雲圖都是地球上不同區域的雲圖

③後者：由於高度非常高，約在離地面 3 萬 6000 公里處，只要用四顆衛
　星就能涵蓋全球的範圍

④「午後列車」是由 7 顆繞極軌道衛星組成進行合作觀測，極軌衛星飛得
　比較低，大約 800 公里高度，繞行速度也比較快，這些衛星沿著同一條
　軌道繞行地球，像是一列小火車一樣

延伸思考

1.臺灣與美國共同研發的氣象衛星「福衛 7 號」第一組衛星群已經於 2019 年 6 月發射升空，投入氣象資訊收集的任務，能大幅提升臺灣對於氣象資料的掌握，對於氣象預報更會有正面的幫助。請上網查詢福衛 1~7 號的特性及任務。

2.有關「午後列車」的合作觀測方式，可以用網站查詢，其如何運作和任務成果的內容。

一直都有新發現 ys.ylib.com

47

四季圓舞曲

季節跟天文學息息相關，
甚至牽連到人類文明的進展。

撰文／黃相輔

生活在臺灣的居民，不容易體會溫帶地區四季分明的節奏。除非爬上高山，否則植物終年長青，少見楓紅落葉，季節變化不如溫帶地區這麼分明。城市居民對於季節的更迭，就更加不敏感了。究竟為什麼有季節，又為何是劃分成「四季」呢？

想像一下你生活在遠古時代——你不清楚任何現代天文學知識，當然也不知道地球繞著太陽轉。不過你對周遭環境很敏銳，能注意到某一日晝夜長度是相等的。從那日過

後，白天開始變長（也就是太陽愈來愈早升起、愈來愈晚落下），氣候也逐漸溫暖。身為一位得捕魚打獵養活全家的古代人，這現象真是好消息：你可以出外覓食的時間變長，而危機四伏的夜晚變短了。隨著外面草木萌發、飛禽走獸復甦，食物來源也愈來愈豐富，不愁餓肚子。

在暖和炎熱的天氣中無憂無慮好一陣子，你注意到某日正午時，太陽在天空中爬升到最高的位置，從那一日起，白天長度卻開始變短了。日子一天天過去，慢慢回到晝夜長度相等的情況，可是太陽依然愈來愈晚升起、愈來愈早落下。夜晚開始比白天長，氣候也逐漸變冷，你警覺到好日子不再有，開始儲備糧食。

終於到了夜晚最長的那日，太陽低掠過天空。夜幕降臨，你和家人在黑暗中哆嗦著擠在柴火前取暖。還好，你注意到隔天太陽又開始早一點升起，白天又開始漸漸變長。於是你懷著希望：冬天盡了，春天還會遠嗎？

遠古的人類不懂現代天文學知識，但是他們有無窮的想像力，來解釋這套周而復始的規律。例如希臘神話裡這個傳說：美麗的少女珀瑟芬是掌管人間穀物生長的收穫女神的女兒。某日，冥王見到珀瑟芬，驚為天人，便將她綁架到了地府當王后。失去女兒的收穫女神傷心欲絕，使得大地蕭條、民不聊生，這場災難甚至驚動了天神宙斯。在宙斯主持調解之下，冥王最後同意釋放珀瑟芬，但每年有幾個月，她仍需回到地府與冥王做伴。這就是季節的由來：珀瑟芬在地府居留的那幾個月，就成為萬物凋零的冬季；她從地府歸來人間，便是大地復甦的春季。

地球與太陽的華爾滋

古希臘人用珀瑟芬的傳說來解釋從嚴冬轉變成暖春的自然循環。日常生活中，我們常藉由感覺氣候冷暖來辨別季節。但以天文學的觀點來說，「四季」的劃分可不是憑感覺的，而是有明確的區分，正如遠古人類所觀察到那樣的規律。

身為現代人，我們都知道在地球上看到太陽東升西落、日夜更替，其實是地球自轉造成的現象。地球自轉的同時也繞著太陽公轉，就好像華爾滋舞者繞著舞伴轉圈。當地球公轉一周回到原點，就代表過了一年。

圖片來源：達志影像

地球公轉與四季

春分點
日光直射赤道，照在南、北半球的量相等。

夏至點
地軸北極朝太陽傾斜，日光直射北回歸線，此時北半球的日照量遠多於南半球。

秋分點
日光直射赤道，照在南、北半球的量相等。

冬至點
地軸南極朝太陽傾斜，日光直射南回歸線，此時南半球的日照量遠多於北半球。

光是自轉、公轉並不會造成季節變化。關鍵在於，地球並不是直立旋轉，它的自轉軸傾斜了大約 23.5 度。這樣的傾角使得在公轉軌道上不同位置時，日光照射到南、北半球的量有明顯的差異。對地面上的觀察者而言，也就是一年中的不同時間，正午時太陽在天空中的角度、日照時間（白天）長度都隨之不同，造成日照量的差異。季節變化就來自這些細微但日積月累的差異。

現在就讓我們跟隨地球的腳步，從春分點出發，來跳一遍四季的圓舞曲，感受春夏秋冬的循環。

當地球在春分點時，日光直射赤道，照在南、北半球的量相等。此時無論在南、北半球都晝夜均分。隨著地球公轉，在北半球的白天會愈來愈長，溫暖的夏天就快來了！

當地球運行到夏至點，地軸北極傾向太陽，日光直射北回歸線，此時北半球的日照量遠多於南半球。北半球正是炎炎夏日，正午時太陽在天空中爬到最高的位置，白天最

圖片來源：達志影像

長，在北極甚至可以體驗太陽整天都不落下的永晝。雖然晝長夜短的現象會持續，但是日照時間從這天起開始漸漸變短。

接著，地球來到秋分點，日光再度直射赤道，照在南、北半球的量相等，南、北半球又都晝夜均分了。在北半球，日照時間繼續減少，準備過冬了！

終於，地球走到冬至點，地軸北極偏離太陽，日光直射南回歸線，此時南半球的日照量比北半球多了。北半球正是凜凜寒冬，正午時太陽在天空中的位置最低，白天最短，在北極是太陽整天都不升起的永夜。雖然晝短夜長的現象仍舊持續，但是日照時間從這天起開始止跌回升了。地球的圓舞曲到此也跳了四分之三，快要一「圓」復始，萬象更新囉！

加強版季節系統：二十四節氣

遠古的人們雖然不清楚季節的真正成因，但深深明白這套自然規律對於求生存有相當大的幫助。當人類發展出農業後，掌握這套規律就更重要了：什麼時候該播種、灌溉、收割，乃至儲藏收穫，都需要與季節變化緊

分點與至點
老祖宗命名的智慧

你知道無論在中文或英文裡，「分點」都表示晝夜均分的特性，而「至點」的名稱由來，都跟太陽的運動有關嗎？這些命名體現了古人們細心的觀察。

春分、秋分的英文分別為 spring equinox 與 autumn/fall equinox，其中「分點」equinox 這一詞彙，源自拉丁文的 *aequus*（即英文的 equal，相等）和 *nox*（night，夜晚），也就是白天和夜晚持續的時間一樣長。這和中文裡稱為春分、秋分是同樣的意思。

夏至、冬至的英文分別是 summer solstice 與 winter solstice，其中「至點」solstice 這一詞彙，源自拉丁文的 *sol*（sun，太陽）和 *sistere*（to stand still，靜止不動），這是由於太陽在天空中運動的軌跡達到極高或極低點，像是在「折返」前停住不動了。古代的中國人則「立竿見影」觀察竿子投影的變化，發現冬至時太陽角度最低、日影最長，又稱「日長至」；夏至時日影最短，又稱「日短至」。

二十四節氣

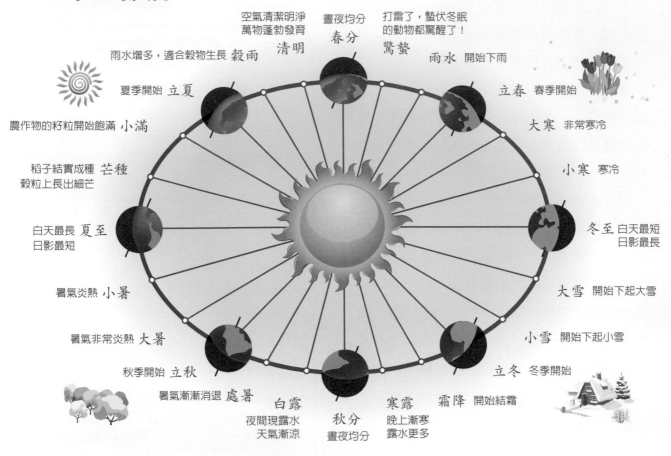

空氣清潔明淨
萬物蓬勃發育
清明

晝夜均分
春分

打雷了，蟄伏冬眠
的動物都驚醒了！
驚蟄

雨水增多，適合穀物生長 **穀雨**

雨水 開始下雨

夏季開始 **立夏**

立春 春季開始

農作物的籽粒開始飽滿 **小滿**

大寒 非常寒冷

稻子結實成種 **芒種**
穀粒上長出細芒

小寒 寒冷

白天最長 **夏至**
日影最短

冬至 白天最短
日影最長

暑氣炎熱 **小暑**

大雪 開始下起大雪

暑氣非常炎熱 **大暑**

小雪 開始下起小雪

秋季開始 **立秋**

立冬 冬季開始

暑氣漸漸消退 **處暑**

白露
夜間現露水
天氣漸涼

秋分
晝夜均分

寒露
晚上漸寒
露水更多

霜降 開始結霜

密配合。只區分籠統的「四季」似乎不太夠用。那麼何不分得更詳細一些呢？

我們常聽到的「二十四節氣」是中國傳統農曆的一部分，也是「加強版」的季節系統。古人雖然不知道地球對太陽公轉，但藉由觀察太陽的視運動及周遭氣候變化得來的經驗，將一年劃分為 24 個節氣：在春分、夏至、秋分、冬至這四個基本的分（至）點之間，安排立春、立夏、立秋、立冬四個節氣做為每個季節的起始。然後在以上八個節氣

圖片來源：Wikimedia Commons

之間，各加入二個節氣，描述當時的氣候或農作物生長狀況。因此二十四節氣就好像一份「行事曆」，提醒農民該注意的事項（見左圖）。

二十四節氣源自於中國，在 2000 多年前的秦漢時期就已經發展出雛形，因此它所描述的氣候是以中國北方黃淮平原的情況為準，在其他的地方不一定適用。但是二十四節氣的日期是各地皆相同的，因為它根據的是太陽的視運動，日期與現行的公曆吻合。二十四節氣後來傳到韓國、日本及越南，也保持了原本的名稱——即使在低緯度、幾乎不下雪的越南，仍然沿用「小雪」、「大雪」等名稱。

以現代天文學的觀點來看，二十四節氣代表地球在公轉軌道上 24 個不同的位置。在二個節氣之間，地球在公轉軌道上移動了 15 度。這套古人藉由觀察太陽的周年運動所形成的時間知識體系，從原本用來指導農事進行，至今已演變成為東亞文化圈重要的共同傳統。聯合國教科文組織因此於 2016 年底將二十四節氣列為「世界非物質文化遺產」。

《貝里公爵的豪華時禱書》裡精美的月曆。此圖為 9 月份，下方的圖畫描繪農民採收葡萄，將收穫送入城堡釀酒。

用天文鍊成曆法和石陣

從二十四節氣可以明白，天文知識是人類掌握季節循環的關鍵。人類藉由觀察日月星

辰的週期，領悟到大自然的規律，隨著文明的進展，更進一步制定曆法，讓大家能記錄與約定日期，確保大小事務運作順暢。中世紀法國的手抄本《貝里公爵的豪華時禱書》就是一個鮮明的例子：這部手抄本裡的月

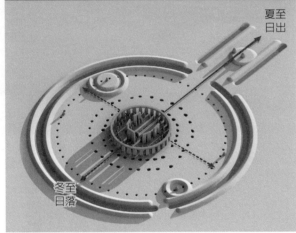

從這張巨石陣的復原圖可看出，巨石陣的最內圈主結構呈 U 字形，最外側有塊遠離主結構的石頭稱為「踵石」。內圈的 U 字開口正對著夏至日出的方向（紅色箭頭），夏至時太陽會在踵石的方向升起（如上方照片）。夏至日出的相反方向即是冬至日落的方向。

曆，在每月上方有日期、天文資訊，下方描繪了當月的農事或節慶活動，說明了人類社會與宇宙規律合作無間的搭配。

要制定一套實用又能符合自然規律的曆法，可不是件容易的事！修訂曆法的人必須對日月星辰的運動有深刻的觀察，曆法才不會天馬行空，無法配合現實情況。舉例來說，目前在全世界普遍使用的公曆，就是以太陽的周年運動為基準的一種「陽曆」。陽曆依循太陽的回歸——也就是從春分到冬至的循環——來定義一年。有的文明則以月相盈虧的週期為基準發展出「陰曆」，例如古代阿拉伯人發明的伊斯蘭曆，便是一種陰曆，以新月出現時為每個月的起始。

中國傳統的農曆也注重月相盈虧，也就是以朔（新月）、望（滿月）的循環週期為月份。有句俗語「初一、十五不一樣」，就是從月相的盈虧現象，引申比喻人的善變。其實農曆並不是純粹的陰曆，而是一種「陰陽合曆」，也考量到太陽的運行週期。二十四節氣就是農曆中具有陽曆特色的設計。

無論是哪一種曆法，都少不了長期天文觀測所累積的經驗與知識。人類從很早以前就開始觀測天文現象了——有些古代遺跡透露

2016 年 7 月 12 日，遊客觀賞「曼哈頓樓陣」的日落奇景。

出與天文學深刻的關聯，位於英國南部的巨石陣（Stonehenge）就是代表性的例子。巨石陣聳立在一馬平川的平原上，顯眼而奇特的造型一直引人注目，縈繞不少傳說。考古學家的鑑定顯示，巨石陣建立於西元前 3000~2000 年，不列顛群島的居民正處於新石器時代末期及青銅器時代早期。由於當時沒有留下任何文字紀錄，加上缺乏決定性的證據，學者們對於巨石陣的用途及建造目的仍然沒有定論。值得注意的是，巨石陣整體結構的排列，正好符合冬至時的日落與夏至時的日出方向。或許是當時的人們將天文觀測的知識應用在巨石陣的設計上，建造它做為宗教崇拜或集會的場所。

有趣的是，現代人蓋的高樓大廈，也不經意「複製」了古代巨石陣的效應。美國紐約市曼哈頓區的東西向街道，雖然和冬至或夏至日落方向並不一致，但每年有二次特定時間會湊巧與日落方向成一直線。這種棋盤狀街道布局，使得太陽在那二天沿著街道兩旁如峽谷峭壁般的高樓大廈之間落下，形成「曼哈頓樓陣」（Manhattanhenge，或譯「曼哈坦懸日」）的奇景。每年二度的「曼哈頓樓陣」現在已經成為遊客們聚集拍照、打卡的盛會。不知道遊客是否意識到，自己跟遠古的人們一樣，正見證太陽周年運動造成的宇宙規律呢！ ㊙

作者簡介

黃相輔　中央大學天文研究所碩士、倫敦大學學院科學史博士。最大的樂趣是親手翻閱比曾祖父年紀還老的手稿及書籍。

四季圓舞曲

國中地科教師　羅惠如

關鍵字：1. 地球的周年運動　2. 地球公轉　3. 地球的四季變化　4. 農曆　5. 陽曆

主題導覽

　　在臺灣，居住的地區不同，對天氣變化會有不同的感受，例如：居住於高雄較難感受冬天的氣息，居住於臺北卻時常下雨，因此我們並不能以天氣狀況來區分一年四季，那四季是怎樣被區分的呢？其實是與地球繞行太陽的運動有關呢！

　　地球繞太陽運行稱為地球公轉，週期為一年，也可以稱為周年運動。周年運動解釋範圍廣，常用來敘述觀看星空時，要看到相同恆星在相同位置出現，需要間隔一年的時間。

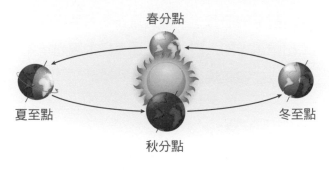

　　從上圖可知，地球自春分點行經夏至點、秋分點、冬至點最後再回到春分點即是地球的周年運動，而在這個運動中，地球運行的軌道並不是正圓形，而是近似圓的橢圓形軌道，太陽的位置較偏向冬至點，但這樣不就與日常生活的感受不同了嗎？臺灣夏季竟然是發生在地球離太陽較遠的時候！是的！因為四季氣溫冷熱變化與地球距離太陽遠近無關，而是與地球自轉軸傾斜所造成地表接收到的輻射量多寡有關。

　　我們所感受到的「夏季熱、冬季冷」，均是由於太陽照射到地表輻射量多寡而造成的變化。太陽直射時，地表所接收到的單位輻射量會高於斜射時的輻射量，因為地球的自轉軸約傾斜 23.5 度，在春分點、夏至點、秋分點、冬至點等不同的時間點，太陽直射地球的區域會各有不同，地球行經春分點至秋分點之間，太陽直射北半球；而地球行經秋分點至春分點之間，太陽直射南半球。一年間，當所處的地區為太陽直射時，就會感受到較熱；相對的斜射時，則會感受到冷。

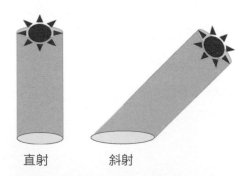

▲太陽距離地球很遠，可將太陽光／太陽輻射視為直線前進，當太陽照射出的輻射量相同時，直射在地表上時被照射的表面積較小，而斜射在地表上時被照射的表面積較大，造成直射時地表單位面積輻射量較高的情形，氣溫也較高。

了解地球公轉會使太陽在不同區域造成直射及斜射的情況後，就更能了解四季氣溫變化。春分點太陽直射赤道、夏至點太陽直射北緯 23.5 度（北回歸線）、秋分點太陽再度直射赤道、冬至點太陽直射南緯 23.5 度（南回歸線）。

以臺灣所在的北半球為例，春季到秋季所受太陽輻射量較多，因此較熱，秋季到春季所受太陽輻射量較少，因此較冷，就符合一般四季氣溫變化的狀況了。當然，位於南半球則為相反狀況。

四季晝夜長短變化

由於地球自轉軸傾斜，再加上四季的日照角度不同，即會造成晝夜長短的差異，當地球行經春分點至秋分點間，北半球都是晝長大於夜長，而行經秋分點至春分點間，則是晝長小於夜長。以臺灣地區為例，夏至太陽直射北回歸線，會使晝長大於夜長，且這天常是白天最長的一天。

下圖為夏至當天太陽直射北回歸線示意圖，可發現晝長大於夜長的狀況，你也可以動手畫畫看！太陽直射南回歸線及赤道時，位於臺灣地區的我們感受到的日夜長短變化為何。

二十四節氣與曆法

曆法是一種長時間的計時系統，二十四節氣源自於中國古代，起初制定時是以竿影長度測量日照長度變化而慢慢衍生，至後來「太初曆」完整將二十四節氣列入。二十四節氣即對應地球公轉軌道的 24 個點，每點之間角度約差 15 度，因與太陽運行有關，因此屬於陽曆的部分。二十四節氣並無法完全對應天氣狀況，會因我們所居住的地區不同而有差異，在「大雪」、「小雪」這樣的節氣裡，可不見得會下雪！

曆法的制定使人們便於生活，我們常耳聞的農曆，則是因應農業生活而來，屬於陰陽合曆，雖然在農曆中包括了二十四節氣，但農曆也編入陰曆的部分，加入朔望月的觀察，不同的曆法的編制起源均相當有趣，但均須觀察天體運行才能順利制定，不妨查一查資料，英國的巨石陣、馬丘比丘的遺跡等，據說都是古人用來觀察天體運行，進而能得知日地相對運動關係的工具呢。

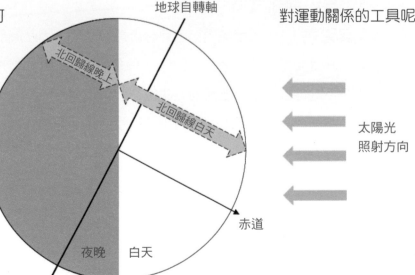

挑戰閱讀王

看完〈四季圓舞曲〉後，請你一起來挑戰下列的幾個問題。

答對就能得到👍，奪得 10 個以上，閱讀王就是你！加油！

（　　）1.造成地球四季的變化來自於哪些因素？（複選）（這一題答對可得到 3 個
👍哦！）
①地球自轉
②地球公轉
③地球自轉軸傾斜
④太陽與地球遠近

（　　）2.愛好旅遊的人一定更能感受日地相對運動在各地造成的各種變化，哪些是
在旅遊中會發現的事呢？（複選）（這一題答對可得到 3 個👍哦！）
①夏季前往北緯 66.5 度以北的北極圈內，能欣賞到美麗的極光
②夏季前往南緯 40 度左右的紐西蘭旅遊，需要穿著長袖衣著
③夏季前往北緯 40 度左右的西班牙欣賞高第建築，晚上八點仍是白天
④在北緯 51 度左右的英國居住一年，會發現太陽於中午從未上升至中天
（正頭頂）位置。

（　　）3.下表為西元 2017 年臺灣二十四節氣資料，可從本文文章內容及表中獲得
哪些資訊？（複選）（這一題答對可得到 4 個👍哦！）
①節氣為一個時間點，而不是一天
②農曆中的二十四節氣需參考月球繞地球運行，因此屬於陰曆
③因為夏至當天白天最長，因此 6 月 22 日（夏至隔天）晝長小於夜長
④在不同地區觀察，各節氣發生的時間會不同。
⑤在不同地區觀察，各節氣日出及日沒的時間會不同。

節氣	2017 年	日	時	分	當日日出時刻	當日日沒時刻
小寒	1 月	5	11	56		
大寒		20	05	24		
立春	2 月	3	23	34		
雨水		18	19	31		
驚蟄	3 月	5	17	33		
春分		20	18	29	05:58	18:05
清明	4 月	4	22	17		
穀雨		20	05	27		
立夏	5 月	5	15	31		
小滿		21	04	31		
芒種	6 月	5	19	37		
夏至		21	12	24	05:05	18:47
小暑	7 月	7	05	51		
大暑		22	23	15		
立秋	8 月	7	15	40		
處暑		23	06	20		
白露	9 月	7	18	39		
秋分		23	04	02	05:43	17:50
寒露	10 月	8	10	22		
霜降		23	13	27		
立冬	11 月	7	13	38		
小雪		22	11	05		
大雪	12 月	7	06	33		
冬至		22	00	28	06:35	17:10

（資料來源：中央氣象局）

延伸思考

1. 參考上表日出日沒*時間資料，將春分、夏至、秋分、冬至四個節氣當天的晝長及夜長時間計算出來。

節氣	晝長：白天長度	夜長：夜晚長度
春分	（　）小時又（　）分鐘	（　）小時又（　）分鐘
夏至	（　）小時又（　）分鐘	（　）小時又（　）分鐘
秋分	（　）小時又（　）分鐘	（　）小時又（　）分鐘
冬至	（　）小時又（　）分鐘	（　）小時又（　）分鐘

2. 將上述資料縱軸為小時繪製成圖（晝長與夜長分別以不同顏色表示）：以春分為例，其餘節氣請自行完成。想想看：從春分到夏至，白天愈來愈長或短？從夏至到秋分，白天愈來愈長或短？從秋分到冬至，白天愈來愈長或短？從冬至到春分，白天愈來愈長或短？

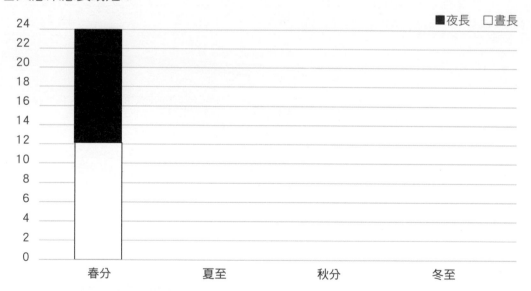

3. 無論古今中外，各時期均有曆法的產生，以利人民在農業或是生活上進行相關的活動，查一查，中西古人運用了哪些工具來觀察天體運行用以制定曆法呢？

*註：「日沒」為日落之義，沒：ㄇㄛˋ

60

寒武紀大爆發的見證
澄江生物群

山上也可以找到海中生物的化石，大量奇異
面貌的物種集中在同一時期的地層，這是生
物演化的特例嗎？

撰文／鄭皓文

澄江生物群出現的年代

4600		541	485	443	419		359		299	252	201	145	66	23	2.6 (百萬年前)

前寒武紀	寒武紀	奧陶紀	志留紀	泥盆紀	石炭紀	二疊紀	三疊紀	侏羅紀	白堊紀	古近紀	新近紀	第四紀

	古生代	中生代	新生代
隱生宙	顯生宙		

資料來源：國際地質科學聯合會

圖片來源：石尚企業股份有限公司，達志影像；繪圖：曾建華

山中發現化石群

阿文在山徑上的異想天開，原來是受到一位古生物學家的啟發：1909 年，當時擔任美國史密斯自然史博物館館長的沃考特在加拿大洛磯山脈進行地質考察，在行經伯吉斯山的山徑上，因為座騎被一塊石板阻礙，沃考特下馬搬移這塊石板時，無意間注意到上面竟然有著保存了軟組織的動物化石。就是這塊 5 億 1500 萬年前灰黑色的頁岩石板，開啟了伯吉斯生物群的研究歷史。經過近一世紀的挖掘研究，科學家發現伯吉斯生物群涵蓋了許多現存與滅絕的動物門類，甚至還有不知如何分類的物種，因此長久以來一直被視為是演化史上「寒武紀大爆發」的鐵證。

地球生命熱鬧登場

什麼是「寒武紀大爆發」呢？原來地球在約 38 億年前開始出現單細胞生物的化石證據後，一直到 5 億 4000 多萬年之前，在這長達 30 多億年的漫長歷程中，並沒有發現太多的化石證據來顯示由單細胞到多細胞生物的演化歷程。這也是這段時期在地質史上被命名為「隱生宙」的原因。但是直到古生代的寒武紀，海洋地層中卻突然間出現了各式各樣的多細胞生物，好像地球上的生命在這「短短」的期間突然發生了爆發性且輻射式的演化，因此稱為「寒武紀大爆發」，也開啟了顯生宙的序幕。

不同時空下再次發現

但誰也沒有想到，發現了西方的伯吉斯生物群後，過了將近 80 年，竟然在地球的另一邊：中國雲南省的澄江縣，發現了另一個種類更豐富，而且年代又早了約 1500 萬年的生物群，再次顯現了「寒武紀大爆發」的真實場景。

澄江生物群的發現地點是位於中國雲南省的澄江縣撫仙湖畔的帽天山。早在 1940 年代，臺灣地質界的元老何春蓀先生就曾在帽天山採集到古介形蟲，並且命名該地層為「帽天山頁岩系」，可惜往後的數十年一直沒有後續的研究進展。直到 1984 年，年僅 34 歲的侯先光先生在當地採集到娜羅蟲後，才正式開啟了澄江生物群的研究序幕，並且很快的引起了全世界科學界的注意。

精緻保存的澄江化石

中國雲南省澄江縣的帽天山地區，在 5 億 3000 萬年前是處有斜坡的淺海地帶，從

繪圖：曾建華　標本提供：戴于翔　攝影：鄭皓文

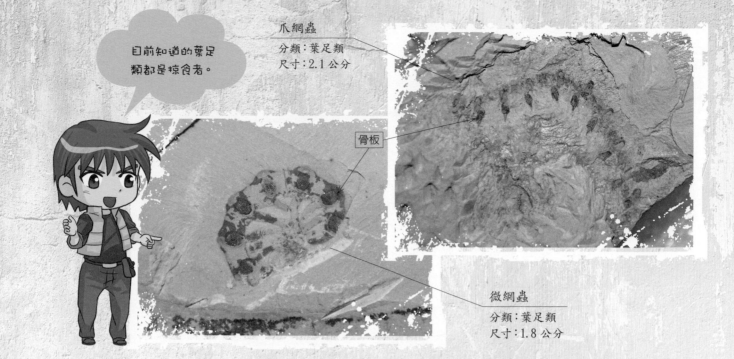

目前知道的葉足類都是掠食者。

爪網蟲
分類：葉足類
尺寸：2.1公分

骨板

微網蟲
分類：葉足類
尺寸：1.8公分

當地出露岩層的剖面來看，主要都是由一層層厚約 1 公分的黃橙色頁岩堆疊而成，而且每一層的沉積顆粒都顯示出由下而上逐漸變細的特徵；所以科學家推論每隔一段時間此地就會發生因風暴或火山噴發而產生的巨大泥流，這些泥流沿著斜坡傾洩而下，沿途夾帶包埋了所有的生物，最後在斜坡底層逐漸沉積。所以澄江生物群的生物大多是活著就被掩埋，然後缺氧而死，有些甚至還可在腸道發現充滿了食物；也正因為這樣的沉積條件，造就了澄江生物群的化石細節保存精緻而完美，比起伯吉斯生物群甚至有過之而無不及。

奇形怪狀的物種

澄江生物群之所以讓世人驚豔，主要就在於化石保存的細節非常精緻，而且呈現高度的物種多樣性與分類的歧異度，所以接下來就來看看其中具代表性的化石：

微網蟲

微網蟲是澄江生物群中極奇特也最稀有的標本，在分類上屬於葉足類。葉足動物的特徵是具有一圓柱形的身體，然後在腹部兩側有成對的足，足尖上有爪，是一類早已滅絕的毛蟲狀生物。微網蟲則是因為在身體兩側還具有成對的卵圓形網狀骨板而得名，至於

這奇特的骨板有何功能？到現在依然成謎。
當年澄江生物群剛公諸於世時，國際首屈一
指的科學期刊《自然》（Nature）雜誌，
當期封面就是微網蟲！

奇蝦

奇蝦的特徵和發現的歷史正如其名，是個
傳奇！早在 100 多年前奇蝦掠食用的前附
肢化石就已被發現，只是當時被認為是某種
蝦狀節肢動物的標本；後來牠的巨大圓形
口器也被發現，只是又被誤認為是某種水母
的化石；直到在澄江生物群發現了完整的標
本，才還給了奇蝦一個正確的面貌。

奇蝦頭部前方有一對巨大的鉤刺狀前附
肢，用來捕捉獵物；上方有一對柄狀眼，下
方則有一圓形具尖齒的口器；腹部下方則有
多對游泳用的槳狀葉，是節肢動物狀的生
物，體長最大可達 2 公尺！是當時海洋生
態系中的頂層掠食者。

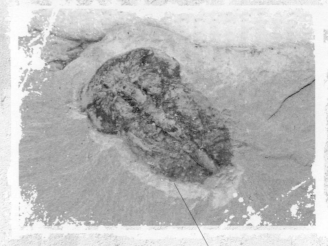

刺狀娜羅蟲
分類：類肢綱
尺寸：1.4 公分

娜羅蟲

娜羅蟲是一類看起來很像三葉蟲的原始節
肢動物，但實際上和三葉蟲並沒有太大的關
聯。身體的背甲只分為頭甲和軀幹甲兩部
分，頭甲內具有許多分叉的盲囊，軀幹內則
可看到粗大的消化道。身體下方具有許多對
附肢，外肢寬大用來游泳，內肢則用來步
行，是屬於偏底棲性的生物。娜羅蟲在澄江
生物群中還算常見，主要有長尾娜羅蟲和刺
狀娜羅蟲兩類。

雲南頭蟲

澄江生物群中有為數眾多的三葉蟲，雲南
頭蟲是小型的種類，體長只有 1~2 公分，
渾圓的頭部無頰刺，具有 14 節胸節，尾部
很小，是很可愛的三葉蟲。

雲南頭蟲
分類：三葉蟲亞綱
尺寸：1.4 公分

攝影：鄭皓文

伊爾東缽

伊爾東缽是一類看起來很像水母的動物，但實際上卻是比水母更複雜的三胚層真體腔動物。在圓盤狀用來漂浮的構造內有著順時針彎曲的囊體，裡面包裹著消化道，口端還具有觸手環，所以被認為可能是觸手動物的一員，但由於早已滅絕，所以真正的分類位置依然成謎。

始蟲（林喬利蟲）

這是一類古老的節肢動物，頭部前方具有一對很長且分叉的前附肢，軀幹每一節下方同樣具有一對雙肢型的附肢，個體多在 3 公分以下，在伯吉斯生物群中就已發現，同樣屬於底棲性的生物。

撫仙湖蟲

這種原始節肢動物直接以澄江生物群發現地旁的撫仙湖來命名，在澄江化石中是較為罕見的。身體分為頭、胸、腹三個部分，體長可達 10 公分。比較特別的是撫仙湖蟲在頭部前方還有具眼柄的原頭構造，從體節的分節特性及附肢中的內肢特徵，科學家推論撫仙湖蟲甚至可能是昆蟲這一大家族的直系祖先呢！

雲南蟲

雲南蟲是一小型蠕蟲狀的底棲生物，由於背部明顯的條狀似肌節構造與頭部的一些細微特徵，在發現之初曾被認為是最原始的脊索動物。由於人類屬於脊索動物門，因此探索脊索動物的起源一直是演化史上重大的課題。而隨著後來雲南海口魚與昆明魚的最新發現與研究，雲南蟲在脊索動物的起源上所扮演的角色就又充滿了疑問與不確定性，不過幾乎可以確定的是，在中國雲南地區必定潛藏著脊索動物起源的重大線索！

始蟲／林喬利蟲（正壓）
分類：大附肢綱
尺寸：1.8 公分

始蟲／林喬利蟲（側壓）
分類：大附肢綱
尺寸：2.4 公分

長出眼睛看世界

寒武紀大爆發時期，地球上的生物構造短時間內演變得複雜許多，有了多彩多姿的形態。牠們演化出硬殼和眼睛，具備視覺的掠食者可以鎖定獵物捕食，增加牠的生存優勢，更容易把物種的基因傳到後代，因而成為現代物種的祖先。

物種大爆發之謎

除了前面提到的化石物種外，澄江生物群共包含了藻類、海綿動物、刺絲胞動物、曳鰓動物、腕足動物、棘皮動物等眾多現仍存在的動物門類，同時也有許多早已滅絕的門類與分類位置不明的物種，讓我們見證了在 5 億 3000 萬年前的寒武紀初期，海洋中生物爆發性的出現場景。這樣的演化模式是與達爾文天擇說中傳統的「漸變論」（指演化是一個長期緩慢的自然選擇過程）大相逕庭的，所以美國已故的演化學大師古爾德在 1970 年代，因為加拿大伯吉斯生物群突然出現的多樣性而提出了著名的「間斷平衡理

攝影：鄭皓文；圖片來源：石尚企業股份有限公司

奇蝦

雲南頭蟲

撫仙湖蟲

論」。這個理論的重點就是認為在生命演化過程中，並非只有長期緩慢變化的固定模式，而是不時會出現躍變式的大規模演化。而澄江生物群的出現就再次彰顯了這樣的模式！

不過造成「寒武紀大爆發」的真正原因是什麼？到現在則仍是眾說紛紜。有人認為是當時海洋中含氧量的突然增加所促成，有人則從胚胎發育相關的基因藍圖來解釋……不管真正的原因為何，澄江生物群豐富的化石材料與地質證據，在後續的研究過中，一定還能揭露更多的線索與訊息！ 科

古蠕蟲
分類：古蠕蟲綱
尺寸：3公分

中華細絲藻
分類：藻類
尺寸：2.5公分

作者簡介

鄭皓文　臺中市東峰國中生物老師，熱愛古生物，蒐藏了近百件古生物化石，在生物課堂上讓學生賞玩，生動活潑的教學方式深受學生喜愛。

澄江生物群復原圖

雲南蟲

微網蟲

伊爾東缽

娜羅蟲

始蟲

寒武紀大爆發的見證——澄江生物群

關鍵字：1.化石　2.澄江生物群　3.寒武紀　4.演化

國中閱讀課教師　林季儒

主題導覽

在 2005 年 9 月號的《科學人》雜誌封面上，用斗大的標題寫著「貴州小春蟲改寫動物演化史」。文中提到的小春蟲，是由臺灣清華大學陳均遠教授、南京地質古生物研究所李家維教授及美國加州理工學院的戴維森（Eric H. Davidson）教授所領導的聯合研究團隊，在觀察了數以萬計的化石薄片後，發現了一種兩側對稱結構的生物，團隊將之命名為「貴州小春蟲」。貴州小春蟲的發現在古生物化石研究學界掀起了軒然大波，美國加州大學柏克萊分校的李普斯（Jere Lipps）教授甚至進一步表示，這種兩側對稱生物的發現，使得隨後而來的寒武紀大爆發更有跡可循。

寒武紀大爆發（Cambrian explosion），或稱為寒武紀生命大爆發，是指在距今 5 億 3000 萬年前，在「短短」200 萬年間的古生代寒武紀時期，海洋地層中的生物發生爆炸性的演化，幾乎所有現存的動物門類都在這一時期出現。

在世界各地也發現許多化石證據來印證，像是 1909 年美國史密斯自然史博物館館長沃考特在加拿大洛磯山脈發現的伯吉斯頁岩生物群，與 1984 年南京地質古生物研究學者侯先光先生發現的澄江生物群。這些豐富的生物物種不但一直被視為寒武紀大爆發的鐵證，更開啟了顯生宙的新世代。

2012 年，澄江化石地入選聯合國教科文組織世界遺產名錄，而澄江生物群比加拿大的伯吉斯動物群更加多元豐富（超過 100 種），在年代方面更早了 1000 萬年，因此我們可以從澄江生物群試著推測寒武紀大爆發時代的景觀與形成原因。

因為寒武紀大爆發的關係，美國已故的演化學大師古爾德在 1970 年代提出了著名的「間斷平衡理論」，這個理論的重點就是認為在生命演化過程中並非只有長期緩慢變化的固定模式（如達爾文天擇說中傳統的「漸變論」），而是也可能會有不定時出現的躍變式的大規模物種演化。

而這樣大規模的跳躍式物種變化的形成因素有很多，其中有學者提出掠食者可能扮演了關鍵角色。根據論文指出，隨著氧濃度的提高，物種的種類就會變多：氧濃度低於 0.5% 時就只能夠支持最簡單的生態系，而當氧濃度升高到 3% 的時候，環境中的物種種類就會增加，而當氧濃度提高到 10% 時，掠食者就會出現，於是日趨複雜的食物網就會間接的驅使物種急遽出現變化。

柔軟欠缺防禦措施的生物會因為喪失競爭力而被淘汰，能夠有效防禦掠食者的物種就應運而生——最有效的防護形態就是靠著堅硬的甲殼來保護自己，雖然長出這樣堅硬的外骨骼相當耗費能量。此後，多元豐富的澄江生物群於焉展開。

以上的說法都還只是眾家學者的研究與推論之一，關於寒武紀澄江生物群大爆發的確切論點到現在仍是眾說紛紜，但是回溯生命的神祕與緣起的研究過程，都還是相當令人興奮且期待的！相信隨著愈來愈普及的科學閱讀，可以讓更多的人們領略生命的奧妙與美好，更珍惜與人類息息相關的地球資源。

挑戰閱讀王

看完〈寒武紀大爆發的見證——澄江生物群〉後，請你一起來挑戰下列的幾個問題。答對就能得到👍，奪得 10 個以上，閱讀王就是你！加油！

（　）1.生物大爆發發生在哪一個年代？
　　①奧陶紀　②侏羅紀　③第三紀　④寒武紀

（　）2.為什麼在 38 億~5 億 4000 萬年前被稱做「隱生宙」？
　　①因為沒有生命出現　②因為沒有太多化石證據
　　③因為生物會隱形　④因為地球尚未形成

（　）3.以下哪一種不是寒武紀生物？
　　①微網蟲　②奇蝦　③娜羅蟲　④恐龍

（　）4.在山上為什麼會發現澄江生物群這樣的水生生物？
　　①板塊的擠壓　②水生生物演化後適應陸地
　　③有人惡作劇移動了化石　④水中生物順著河流游上高山

（　）5.寒武紀大爆發的原因眾說紛紜，請問以下哪一個最不可能？
　　①海中含氧量突然增加促成
　　②可能和胚胎基因的發育有關係
　　③證實了達爾文天擇說中的「漸變論」
　　④與古德爾的「間斷平衡理論」不謀而合

6.閱讀文本後，請試著用魚骨圖時間軸填上發現寒武紀大爆發的人、事、時、地、物的正確順序。

1909 年 _____
_____
_____
_____

1984 年 _____
_____
_____
_____

1940 年 _____
_____
_____

延伸思考

1.活化石的定義是，先有化石紀錄再發現活體，或活體與確認的化石屬於同一種且同時存在。請想一想，我們常說的活化石有哪些物種呢？這樣的定義有沒有例外？

2.化石的分類大致上有

①遺骸：生物的硬殼、骨骼、牙齒……等較堅硬的部分比較容易形成化石。

②遺跡：腳印、糞便及生物棲息的洞穴等，則屬於生物生存的遺跡。

③原物保存化石：如長毛象保存於冰天雪地、昆蟲被松脂琥珀保存。

文中的化石比較屬於哪一類的呢？請說明理由。

3.澄江縣當地出露岩層的剖面主要都是由一層層的頁岩堆疊而成，請問我們在臺灣可以找到相類似的沉積岩嗎？你有看過或是聽過這樣的地形嗎？請試著說明它的特色。

4.請利用網路資源搜尋寒武紀大爆發的相關資訊延伸閱讀，並且想一想哪些資料比較有可信度？要如何找出有效的資訊？並註明引用網站與出處，將學習足跡記錄下來。

木星瞪著暴風眼

木星上美麗的大紅斑其實是巨大的風暴，它和地球上的颱風有什麼不同呢？其他的行星上也會有風暴嗎？

撰文／黃相輔

「大紅斑」一向是木星最顯著的特徵了。在天氣良好的情況下，用口徑 10 公分以上的天文望遠鏡，就能看到大紅斑及木星大氣層清楚的條紋結構。早在西元 1665 年時，法國科學家卡西尼就描述木星上有個「明顯的大斑」——雖然我們無法證實他看到的是否跟現在的大紅斑為同一個斑點。可以確定的是，根據 19 世紀起比較明確的觀測紀錄，大紅斑至少已持續存在了 200 年。這 200 年以來，它的大小正逐漸縮減：原本它的寬度容納得下二個地球並排，現在已縮小到 1.3 個地球這麼寬。有朝一日大紅斑可能將完全消失。

許多飛越或環繞木星的太空探測船，都曾拍攝大紅斑的影像，就近一睹它神祕又壯觀的身影。最近的例子就是由美國太空總署（NASA）發射、2016 年抵達木星開始執行任務的朱諾號探測器（Juno）。朱諾號已多次近距離飛掠木星，2017 年 7 月 10 日則飛越大紅斑上空，距離這龐然巨物僅有 9000 公里遠，是相當靠近大紅斑的一次，並趁機拍攝了許多大紅斑的近照。照片中，

朱諾號拍攝的
大紅斑近照。

圖片來源：NASA/JPL-Caltech/SwRI/MSSS/Jason Major、NASA/JPL/SwRI/MSSS/John Landino

條紋狀的雲層在暗紅色的中心區域周圍如油彩般纏繞盤旋，將這顆巨眼妝點得無比絢爛。NASA 的行星科學部門主任葛林（Jim Green）形容，不論是就藝術或科學層面而言，木星的大紅斑都是「完美的風暴」。

擁有大紅斑的木星，乍看之下是不是很像希臘神話裡的「獨眼巨人」？其實它也有不為人知的另一面。朱諾號也拍

朱諾號拍攝到木星的南極，
呈現複雜密集的氣旋風暴。

攝到除了大紅斑之外的其他木星渦旋。其中最令人驚異的，莫過於木星極區密密麻麻的風暴了。木星南極上空簇擁著大大小小的渦旋，呈現雜亂又多變的面貌，同樣的狀況也出現在北極。從極區俯瞰，木星彷彿變身成另一種希臘神話裡的怪物「百眼巨人」了！木星紊亂的極區渦旋、醒目的大紅斑，在在顯示這顆行星活躍的大氣運動。它們的型態，不禁

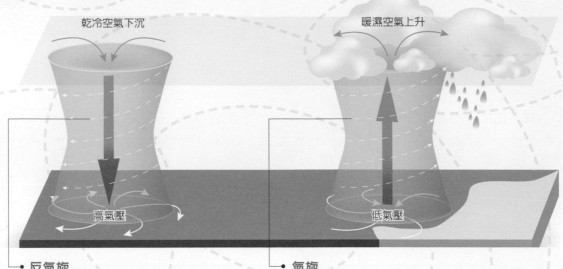

乾冷空氣下沉

暖濕空氣上升

高氣壓

低氣壓

反氣旋
在高氣壓中心，冷空氣下沉並向四周旋出，在北半球形成順時針的反氣旋。下沉的冷空氣會受熱而變得乾燥，因此反氣旋的天氣通常晴朗穩定。

氣旋
在低氣壓中心，暖空氣上升形成旺盛的對流，在北半球以逆時針旋轉。上升的空氣遇冷凝結出水氣，因此氣旋通常潮濕多雨。

令人聯想到地球上諸如颱風、龍捲風等劇烈的天氣現象。

地球上的氣旋

我們日常生活中熟悉的許多天氣現象，都是地球大氣活動的變化造成的。大氣壓力的分布並不均勻，就好比地勢有高低起伏一樣，氣壓也會有高壓區、低壓區的差別，而空氣從高壓區向低壓區流動就產生了氣流，也就是風。

夏季時，在熱帶溫暖的海洋上常有低氣壓形成。海洋表面的空氣飽受日照，吸收了蒸發的水氣，使得這些空氣既溫暖又潮濕。暖濕的空氣向上升，周圍的冷空氣流入補充，又受熱變成暖空氣上升，如此周而復始，使

颱風就是地球上的一種氣旋。

得此低氣壓區域對流旺盛。低壓中心周圍的氣流持續向內急速旋入，中心氣流上升，風速也愈來愈強，有如一個龐大的空氣旋渦，在氣象學上稱之為「氣旋」。氣旋的強度依其中心附近的風速而定，當強度超過一定標準，就成為「颱風」或「颶風」了。這個標準依各國定義有所不同。依據中央氣象局的

圖片來源：NASA、達志影像

標準，只要中心附近最大風速超過每小時34浬（每秒 17.2公尺），就是「輕度颱風」以上的風暴了。

當然也並不是所有氣旋都發生在海面，陸地上也會有氣旋，最明顯的例子便是龍捲風。和颱風相比，龍捲風雖然也猛烈，卻是較小尺度的氣旋，暴風圈的直徑通常僅有數十公尺，只有極少數會超過 1 公里。龍捲風從誕生到消散為止，在地面上所走的距離，也通常僅有數十公里，跟颱風動輒從關島、菲律賓海域千里迢迢一路橫行到東亞內陸相比，簡直是小巫見大巫。

大紅斑的真相

看到這裡，你可能會想，大紅斑就是木星上的超大號「颱風」了吧？答案是錯的！大紅斑並不像颱風一樣是「氣旋」，而是「反氣旋」。反氣旋的許多特徵都和氣旋相反，例如它的中心是高氣壓，氣流在中心向下沉降，再朝四周發散出去，而不是如氣旋一般朝低壓中心輻合。它們的差異也可以輕易從旋轉方向判斷：在北半球，氣旋是逆時針旋轉，反氣旋則是順時針旋轉。在地球上也有反氣旋，由於中心是乾燥的沉降氣流，它們對地面造成的效應常是晴朗無雲的天氣，跟氣旋帶來的陰雨大相逕庭。

不過木星上也的確有氣旋。前面提到，朱諾號在木星極區發現的密密麻麻的渦旋，從旋轉方向判斷，就是一個個氣旋。當然，

即使型態類似，它們與地球上的颱風依舊有差異。木星是顆氣態行星，缺乏地球上的陸地及海洋，因此不論是木星氣旋或反氣旋，它們的形成機制和對木星區域造成的效應，仍然和地球上的情況不同，需要科學家進一步探討。

朱諾號的探測儀器也嘗試穿透木星深厚的大氣層，分析其中的化學成分與物理結構。其中值得注意的，是飄浮在木星大氣雲層頂端、由氨（NH_3）和水氣組成的冰晶。科學家以前就知道木星大氣雲頂有豐富的氨，現在則證實在大氣層深處也有大量的氨，不過並非均勻分布。氨冰晶從雲頂沉降，在氣壓1.5 巴深處以上就蒸發消散，與氫、氦等其他氣體混合。朱諾號對於氨的偵測，不但有助了解木星大氣的垂直結構，也能進一步分析木星上不同緯度的大氣環流。

無所不在的渦旋

除了地球和木星，在其他太陽系行星上，

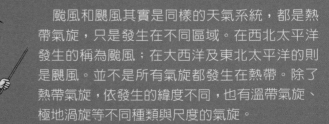

我有問題！

美國的颶風跟臺灣常見的颱風，有什麼不同？

颱風和颶風其實是同樣的天氣系統，都是熱帶氣旋，只是發生在不同區域。在西北太平洋發生的稱為颱風；在大西洋及東北太平洋的則是颶風。並不是所有氣旋都發生在熱帶。除了熱帶氣旋，依發生的緯度不同，也有溫帶氣旋、極地渦旋等不同種類與尺度的氣旋。

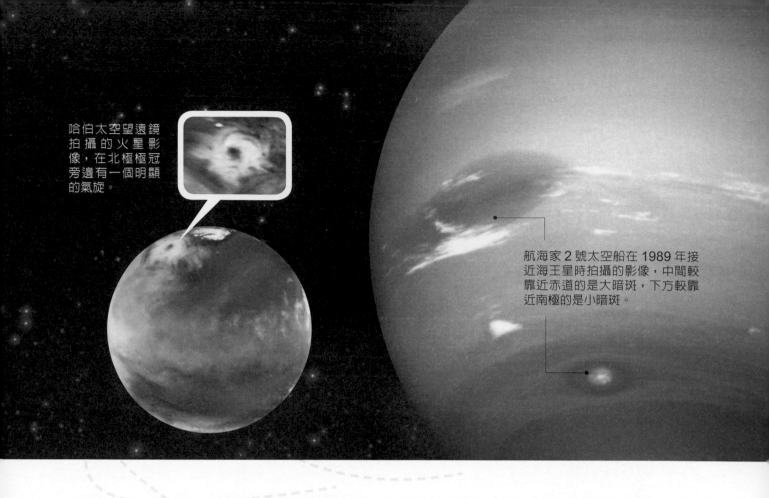

哈伯太空望遠鏡拍攝的火星影像，在北極極冠旁邊有一個明顯的氣旋。

航海家 2 號太空船在 1989 年接近海王星時拍攝的影像，中間較靠近赤道的是大暗斑，下方較靠近南極的是小暗斑。

也有各種氣旋或反氣旋發生，例如曾經出現在海王星上的「大暗斑」與「小暗斑」。大暗斑是一個反氣旋，由 NASA 的航海家 2 號探測船在 1989 年路過海王星時發現。它的形狀和大紅斑很像，大小僅有大紅斑的一半。小暗斑是氣旋，也是由航海家 2 號探測船在 1989 年時發現，它更靠近海王星的南極。不過這對難兄難弟並沒有大紅斑那麼長壽；哈伯太空望遠鏡在 1994 年觀測海王星時，發現大暗斑和小暗斑已經完全消失了。後來海王星上仍有新的斑點出現，不過由於太遙遠了，觀測不易，我們對於它們的所知皆十分有限。

在固態的類地行星上也不乏這樣的例子。哈伯太空望遠鏡便於 1999 年拍攝到一張珍貴的影像：在火星北極的極冠旁，出現一個巨大的氣旋。這個氣旋直徑超過 1000 公里，規模和地球上的颱風不分軒輕，甚至還有清楚的「颱風眼」。科學家推測它應該是由水冰構成的風暴，所以與背景相比非常明亮，和一般火星表面漫天狂舞的沙塵暴不同。哈伯望遠鏡幾天後再度觀測火星時，這個氣旋已消失不見，可見其生命相當短暫，大概僅有數天的光陰。能偶然捕捉到火星氣旋稍縱即逝的蹤影，也許和看到流星一樣相當幸運吧！　🈹

作者簡介

黃相輔　中央大學天文研究所碩士、倫敦大學學院科學史博士。最大的樂趣是親手翻閱比曾祖父年紀還老的手稿及書籍。

圖片來源：NASA

木星瞪著暴風眼

國中理化教師　姜紹平

關鍵字：1. 大紅斑　2. 氣旋　3. 反氣旋

主題導覽

西元 1957 年，前蘇聯發射了第一顆人造衛星史波尼克一號，帶領人類躍登太空時代，開展一系列的太空探測任務，包括美國在西元 1969 年發射載人太空船，完成人類首次登陸月球的壯舉。其後陸續發展出人造衛星、太空船、太空站、太空望遠鏡等成員，讓人們得以有機會一窺各行星的真面貌。

太陽系有八顆行星，距離太陽由近而遠分別是水星、金星、地球、火星、木星、土星、天王星、海王星。根據性質分為內圈：水星、金星、地球、火星稱為類地行星，它們體積小、平均密度較大，主要由岩石和金屬構成。外圈：木星、土星、天王星、海王星，它們體積大、平均密度較小，主要由氣體和冰雪構成。

探索木星

木星是太陽系最大的行星，科學家對它正展開一連串的研究。於 1989 年 10 月升空的伽利略號就是以研究木星及其衛星為主要目的。它於 2003 年墜毀在木星上，14 年來送回了很多有關木星及衛星系統的寶貴資料。

朱諾號則是由 NASA 在 2011 年 8 月發射的木星探測船，已經於 2016 年 7 月 5 日正式進入木星的軌道。探測木星的時間將持續好幾年；是目前人類成功發射用太陽能航行最遠的太空探測器。朱諾號未來預計將於 2021 年 7 月在指揮中心的控制下脫離軌道、墜入木星，結束這次劃時代的任務。

木星上最醒目的特徵，就是位於木星南赤道邊緣的反氣旋旋渦──大紅斑，它是太陽系中最大的風暴系統。正式紀錄最早可以回溯到 1830 年，這個長期陪伴觀星者的紅斑，至少已持續存在 200 年。

科學家近來發現大紅斑正在縮小，而且縮減速率比以前快，根據 2017 年 4 月的觀測，大紅斑的直徑約 1 萬 159 公里，約為地球直徑的 1.3 倍寬。有朝一日大紅斑可能將完全消失。

地球上的氣旋

雖然地球上沒有像大紅斑規模這麼大的氣旋，但氣旋及反氣旋都是地球上常見的天氣現象。地面的風從高壓區吹向低壓區時，受地球自轉效應影響，導致風在北半球有向右偏轉的現象，加上地面空氣會同時受到地表摩擦力的影響，因此北半球地面高氣壓中心附近的空氣形成反氣旋以順時針方向流出（輻散），形成下降氣流，天氣通常晴朗穩定。而低氣壓中心附近的

空氣形成氣旋以逆時針方向流入（輻合），形成上升氣流，天氣通常潮濕多雨。

熱帶氣旋是指發生在熱帶地區的低壓中心。但在世界各地都有地區性的稱呼，東亞稱颱風、北美稱颶風、印度洋稱旋風、澳洲原住民稱威裂或牛眼、菲律賓稱碧瑤。中央氣象局對颱風強度的劃分，以中心附近最大平均風速為準，17.2～32.6 公尺／秒是輕度颱風，32.7～50.9 公尺／秒是中度颱風，51.0 公尺／秒以上則屬於強烈颱風。

自古以來，人們仰望天空觀察天體的運動。現在更用太空望遠鏡、無人太空探測船等，觀察探索地球以外的星體，但認識的很有限；所以還有許多未知的太空、宇宙等待人類繼續探索。

挑戰閱讀王

看完〈木星瞪著暴風眼〉後，請你一起來挑戰下列的幾個問題。

答對就能得到👍，奪得 10 個以上，閱讀王就是你！加油！

（　）1.太陽系的八顆行星中，哪一顆體積最大？哪一顆距地球最近？（這一題答對可得到 3 個👍哦！）

①金星、火星　②木星、金星　③土星、水星　④木星、海王星

（　）2.木星上醒目的大紅斑，其性質與地球上哪個現象最類似？（這一題答對可得到 3 個👍哦！）

①地震　②峽谷侵蝕　③下雨　④颱風

（　）3.氨冰晶從木星大氣層雲頂沉降，在氣壓 1.5 巴深處以上就蒸發消散，與氫、氦等其他氣體混合。請問 1.5 巴約等於幾大氣壓？（這一題答對可得到 2 個👍哦！）

①0.5 大氣壓　②1 大氣壓　③1.5 大氣壓　④2 大氣壓

（　）4.有關在北半球發生的氣旋、反氣旋其性質與現象，下列哪些正確？（複選）（這一題答對可得到 4 個👍哦！）

①地面高氣壓中心附近的空氣形成反氣旋以順時針方向流入，形成下降氣流

②反氣旋天氣通常晴朗

③低氣壓中心附近的空氣形成氣旋以逆時針方向流入，形成上升氣流

④反氣旋天氣通常潮濕多雨。

延伸思考

1. 請上網查詢在科學雜誌上所發表較新的論文，是有關解釋木星大紅斑的成因及木星大氣層的高溫現象，並試著去了解。

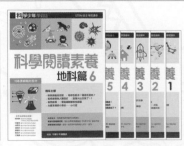

變身一日科學家
24小時大發現系列

有注音！

24 小時大發現
回到石器時代

24 小時大發現
飛向太空站

每本定價 380 元

探索在地故事
臺灣科學家

科學家都在做什麼？
21 位現代科學達人為你解答
定價 380 元

臺灣稻米奇蹟
定價 280 元

做實驗玩科學
一點都不無聊！系列

一點都不無聊！
我家就是實驗室

一點都不無聊！
帶著實驗出去玩

一點都不無聊！
數學實驗遊樂場

每本定價 800 元

生物的精彩生活
植物與蜂群

花的祕密
定價 380 元

小蜜蜂總動員：
妮琪和蜂群的
勇敢生活
定價 380 元

動手學探究
中村開己的紙機關系列

中村開己的
企鵝炸彈和紙機關

中村開己的
3D 幾何紙機關

每本定價 500 元

看漫畫學科學
好好笑＋好聰明漫畫系列

每本定價 320 元

化學實驗好愉快
燒杯君系列

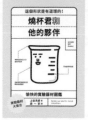 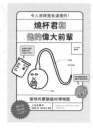 

燒杯君和他的夥伴
定價 330 元

燒杯君和他的化學實驗
定價 330 元

燒杯君和他的偉大前輩
定價 330 元

燒杯君和他的小旅行
定價 350 元

揭開動物真面目
沼笠航系列

有怪癖的動物超棒的！圖鑑
定價 350 元

表裡不一的動物超棒的！圖鑑
定價 480 元

奇怪的滅絕動物超可惜！圖鑑
定價 380 元

不可思議的昆蟲超變態！圖鑑
定價 400 元

科少叢書出版訊息
請持續關注
科學少年粉絲團！

解答

你問我海底有多深？
1.（2） 2.（1） 3.（1）（3）（4） 4.（3）

斗轉星移
1.（4） 2.（2） 3.（1）（3） 4.（4）

臺灣島的前世今生
1.（1）（2） 2.（1）（3）（4） 3.（2）（3）（4）

氣象觀測法寶大公開
1.（2）（3） 2.（1）（2）（3） 3.（3） 4.（1）（3）（4）

四季圓舞曲
1.（2）（3） 2.（2）（3）（4） 3.（1）（5）

寒武紀大爆發的見證──澄江生物群
1.（4） 2.（2） 3.（4） 4.（1） 5.（3）

6. 1909 年沃考特在加拿大洛磯山脈發現有動物軟組織化石的頁岩石板，這是伯吉斯生物群。

　　1984 年侯先光在澄江縣帽天山採集到娜羅蟲的化石。

　　1940 年何春蓀在澄江縣帽天山採集到古介形蟲，命名這裡的地層為帽天山頁岩系。

木星瞪著暴風眼
1.（2） 2.（4） 3.（3） 4.（2）（3）

科學少年學習誌
科學閱讀素養 ◆ 地科篇 1

編者／科學少年編輯部
封面設計／趙璦
美術編輯／沈宜蓉、趙璦
特約編輯／歐宇甜
出版六部總編輯／陳雅茜

發行人／王榮文
出版發行／遠流出版事業股份有限公司
地址／臺北市中山北路一段 11 號 13 樓
電話／02-2571-0297 傳真／02-2571-0197
郵撥／0189456-1
遠流博識網／www.ylib.com 電子信箱／ylib@ylib.com
ISBN／978-957-32-8772-8
2020 年 5 月 1 日初版
2022 年 12 月 1 日初版八刷
版權所有・翻印必究
定價・新臺幣 200 元

國家圖書館出版品預行編目

科學少年學習誌：科學閱讀素養地科篇1／科
學少年編輯部編 . --初版 . --臺北市：遠流，
2020.05

88面；21×28公分 .

ISBN 978-957-32-8772-8（平裝）

1. 科學 2. 青少年讀物

308　　　　　　　　　　　109005010